机遇就在三秒钟

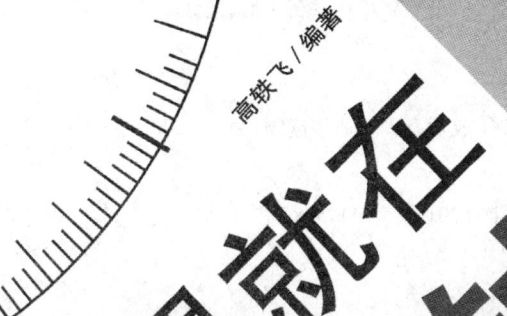

高轶飞/编著

愚者错失良机,智者善抓机遇;

图书在版编目（CIP）数据

机遇就在三秒钟/高轶飞编著.—北京：中国华侨出版社，2011.7
ISBN 978-7-5113-1120-7

Ⅰ.①机… Ⅱ.①高… Ⅲ.①成功心理-通俗读物
Ⅳ.①B848.4-49

中国版本图书馆CIP数据核字（2011）第117578号

● **机遇就在三秒钟**

编　　著	/高轶飞
责任编辑	/李　晨
经　　销	/新华书店
开　　本	/710×1000毫米　1/16　印张15　字数200千字
印　　数	/5001-10000
印　　刷	/北京一鑫印务有限责任公司
版　　次	/2013年5月第2版　2018年3月第2次印刷
书　　号	/ISBN 978-7-5113-1120-7
定　　价	/29.80元

中国华侨出版社　北京市朝阳区静安里26号通成达大厦3层　邮编100028
法律顾问：陈鹰律师事务所
编辑部：（010）64443056　64443979
发行部：（010）64443051　传真：64439708
网　址：www.oveaschin.com
e-mail：oveaschin@sina.com

前言

人生因为机遇才精彩。

人人都想成功，有很多人非常聪明，但是最终却与成功无缘，原因就在于他们没有把握和利用好机遇。

戴斯特曾经说过："人生成功的秘诀是当好的机会来临时，就立刻抓住它。"机遇本来对任何人都是平等的，公平的，就看你能否抓得住，握得牢。

机遇是人生最为抢手的"商品"，需要我们用实际行动去抢购，可见，机遇是等不来的，而是寻找来的，甚至是创造出来的。

很多失败者的借口就是"我们没有机会"。他们总是把自己无法成功的原因归结于没有得到机遇的垂青。而那些有着坚强意志的人是绝对不会找这样的借口的，他们从来不会被动地等待机遇出现，而是靠自己的不懈努力去创造机遇，因为他们知道自己的命运需要自己掌握。

机遇是靠我们每个人创造的，也只有懂得不断创造机遇的人，才能够建立起自己轰轰烈烈的人生伟业。

而机遇也总是被那些心中怀有梦想和敢于行动的人所发现。可见，没有耕耘就没有收获，没有付出就不会有回报。如果你只知道一味的等待，那么不管你等待多久，机遇也不会主动来敲门，机遇的到来是需要我们每个人艰辛的努力。

本书告诉大家要想实现人生成功不能没有机遇，也教给了大家如何把握和利用好机遇的方法。相信在读完了这本书之后，你对机遇会有一个重新的认识，也会对自己的人生道路重新进行一下审视。

目录 Contents

第一章 发现"猎物",不妨等其"自投罗网"

在我们每个人的周围,都隐藏着许多大大小小的机遇,但是之所以机遇只垂青于某些人,就是因为他们善于发现自身周围潜藏的机遇。正如一句名言说的:"这个世界并不缺少美,只是缺少发现美的眼睛。"

1. 头脑中要有机遇意识 …………………………………… 2
2. 机遇是车头,目标是铁轨 ……………………………… 4
3. 目标的设定要恰如其分 ………………………………… 7
4. 机遇需要我们去适应 …………………………………… 10
5. 目标远大赢得机遇 ……………………………………… 12
6. 机遇离不开目标的建立 ………………………………… 15
7. 机遇的降临在于坚持目标 ……………………………… 17
8. 机遇喜欢具体的目标 …………………………………… 20
9. 等待机遇需要耐心 ……………………………………… 22

第二章　该出手时就出手，紧抓机遇不放松

我们应该珍惜拥有的东西，因为珍惜现在，就代表着珍惜机遇。我们现在所拥有的一切都可能潜藏着带我们走向成功的机遇。很多时候，我们在机遇面前有太多的顾虑，结果最后等到机遇离开自己才追悔莫及，为此，我们一定要当机立断，让自己牢牢把握住机遇。

1. 机不可失，时不再来 ………………………………… 26
2. 不要让机遇从你手中溜走 …………………………… 29
3. 犹豫不决让你错失良机 ……………………………… 32
4. 看准时机，及时行动 ………………………………… 35
5. 你要善于抓住稍纵即逝的机遇 ……………………… 37
6. 机遇成熟于你的行动中 ……………………………… 39
7. 爱机遇，就要抓住它 ………………………………… 41
8. 不要错过眼前的机遇 ………………………………… 44
9. 手握小机遇迎来大机会 ……………………………… 47
10. 冒险并不愚蠢 ………………………………………… 49
11. 害怕失败，你就错失机遇 …………………………… 52
12. 停止观望，才能抓住机遇 …………………………… 55

第三章　"变废为宝"，主动创造机遇

机遇除了等待，更需要我们去创造。我们不要总是说机遇是可遇而不可求的，其实想得到机遇并不难。我们在有机遇的时候要利用好机

遇，而没有机遇的时候，我们也应该懂得利用自身条件来创造机遇。很多时候，机遇的到来是无法预测的，如果你只是盲目的等待，那么就将会虚度你的人生。

1. 日积月累，创造机遇 …………………………………… 58
2. 机遇埋在创新的"沙滩"中 ……………………………… 60
3. 人无我有，人有我优 …………………………………… 63
4. 在空白处抓住机遇 ……………………………………… 66
5. "不可能"的下一步是"可能" ………………………… 69
6. 打破常规思维，赢得机遇 ……………………………… 72
7. 懒于思考的人与机遇是冤家 …………………………… 75
8. 突破规则，转变方法 …………………………………… 77
9. 从麻烦中开创机遇 ……………………………………… 80
10. 选择自立自强，才能创造机遇 ………………………… 83
11. 独辟蹊径，发现不一样的机遇 ………………………… 85

第四章　步步为营，把机遇踩在脚下

做任何一件事情都是有条件的，只要是条件具备了，我们可以做成任何事情。但是，要想条件完全具备，首先就要求我们自己能够脚踏实地，踏踏实实地付诸行动，只有这样，我们才能够把事情做好。

1. 实现机遇要抓住"实" …………………………………… 90
2. 让我们一步步丈量机遇 ………………………………… 92
3. 咬定青山不放松，抓住机遇不撒手 …………………… 95

4. 带上"进取心"这颗重磅炸弹 …………………………… 97

5. 夜有所梦，日付行动 …………………………………… 100

6. 机遇最怕你坚持 ………………………………………… 104

7. 坦诚衍生机遇 …………………………………………… 107

8. 工作机遇贵在敬业尽责 ………………………………… 109

9. 相信直觉，抓住机遇 …………………………………… 112

第五章　祸福之间掌控机遇

什么是福，什么是祸？其实福与祸两者并不是绝对互相排斥的，有的时候，事情的这一方面是危机，而另外一方面也许就是契机，所以，当我们遇到危机时不要先想到绝望，而要努力找寻危机中可能存在的机遇。

1. 危机中往往有契机 ……………………………………… 116

2. 灵活机智化险为夷 ……………………………………… 117

3. 谁说困境不是机遇 ……………………………………… 121

4. 大难之中暗藏机遇 ……………………………………… 123

5. 走头无路找机遇 ………………………………………… 126

6. 感觉危机及时转化 ……………………………………… 129

7. 风险有多大，成功的机会就有多大 …………………… 131

8. 别让坏运气打垮你 ……………………………………… 133

目录 Contents

第六章 "吃饱喝足"迎接机遇

我们每个人积极去追求机遇是没有错的,因为机遇稍纵即逝,不去主动追求,就会白白错失。但是,在追求机遇的过程中,我们也不能急于求成。正所谓"欲速则不达",假如我们自身的条件还不够成熟,那么如此慌张地去抓机遇,即使到手之后也是难以利用的。所以,对于机遇的把握,一定要根据自身条件,做好充分的准备。如果现在条件不成熟,那么不妨耐心等待一下。

1. 机遇只垂青于有准备的头脑 ············ 138
2. 人品好,机遇到 ············ 141
3. 良好习惯会带来更多的机遇 ············ 143
4. 迎接机遇不可空手,要有资本 ············ 146
5. 机遇打不垮心理素质好的人 ············ 149
6. 能力高低决定把握机遇的程度 ············ 151
7. 迎接机遇要有强烈的竞争意识 ············ 153
8. 平凡状态中孕育机遇 ············ 157
9. 努力学习,才能迎接好机遇 ············ 160
10. 活到老学到老,随时准备迎接机遇 ············ 162
11. 你的优势助你成功 ············ 165

第七章 练就耳听六路眼观八方的本领

在我们每个人的一生中,都会碰到各种各样的机遇。虽然人人都可以碰到机遇，但是不代表我们每个人都可以发现和利用机遇，如果想要发现机遇，并且利用好机遇，那么就要练就耳听六路眼观八方的本领。

1. 机遇也有自身的特征 ………………………………… 170
2. 仔细看看身边，机遇就在那 …………………………… 173
3. 生活中自然有机遇 ……………………………………… 175
4. 善于观察，机遇自现 …………………………………… 177
5. 潜在的机遇更需要你捕捉 ……………………………… 180
6. 越是冷门，越能觅得机遇 ……………………………… 183
7. 从别人的错误中发现机遇 ……………………………… 186
8. 从信息中辨别机遇 ……………………………………… 189
9. 从现有条件中发现机遇 ………………………………… 192

第八章　心态好，才是真的好

英国著名作家福楼拜说："一阵爽朗的笑，犹如满室黄金一样引人注目。"好的心态是我们心中的太阳，所以，让我们保持一种好的心态。那些真正的强者，都是心态豁达的人，好的心态能够让我们应对生活中的各种险境，掌握好自己的命运。

1. 你想要成功，才可拥有机遇 …………………………… 196
2. 机遇总属于乐观者 ……………………………………… 198
3. 怨天尤人，怎能成功 …………………………………… 200
4. 消极倦怠，平庸一生 …………………………………… 203
5. 自信乃抓住机遇的法宝 ………………………………… 205

6. 乐观开朗，主动做事 …………………………… 207
7. 天道酬勤实乃成事之道 ………………………… 209
8. 坚持不懈，机遇也会被你感动 ………………… 212
9. 拥有主见，机遇自现 …………………………… 215
10. 不满足是前进的机遇 …………………………… 217
11. 邪念产生的机遇不可要 ………………………… 220
12. 妥协也是寻求机遇的一种方式 ………………… 222
13. 自我反省是一种境界 …………………………… 225

第一章
发现"猎物",不妨等其"自投罗网"

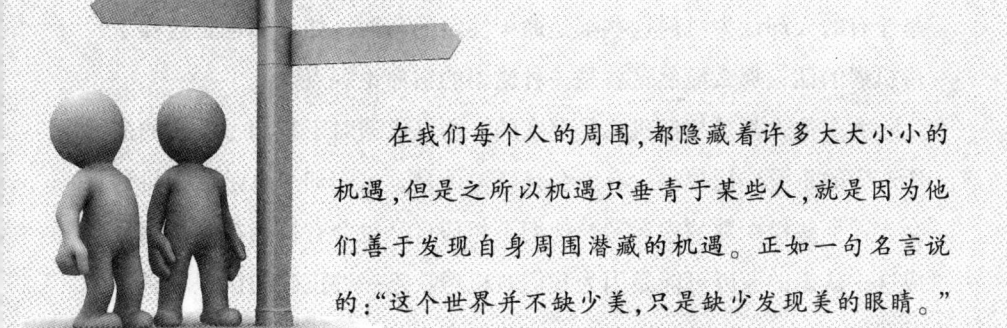

在我们每个人的周围,都隐藏着许多大大小小的机遇,但是之所以机遇只垂青于某些人,就是因为他们善于发现自身周围潜藏的机遇。正如一句名言说的:"这个世界并不缺少美,只是缺少发现美的眼睛。"

1. 头脑中要有机遇意识

―――――― 赢在三秒钟 ――――――

对于机遇，我们在心里要常常想着它，并且懂得根据自己所从事活动的需要，对于也许会出现的机遇要保持一种敏感和警觉；要随时留意有关的事物和现象，一发现有机会出现的苗头就要紧紧盯住它。如认定其具有捕捉价值，便应采取措施及时抓住和有效地加以利用，并使其最终转化为某种有价值的成果。

如果我们能够一心一意地去做某一件事情，那么我们总是会碰到偶然的机遇的。

什么是机遇呢？就是指意外碰上的，并且是对自己有帮助的好时机。在现实生活中，有的人认为碰到了机遇就等于是碰到了好运气；可是还有的人却认为机遇这些都是命中注定的东西，如果你也是这样来看待机遇的话，那么显然这就是一种错误的宿命论观点。

大多数人都是相信机遇是存在的，而且机遇对于我们每个人的命运所产生的重要作用也很少有人会怀疑。可是，人们却又总是认为机遇只会光顾那些极少数的幸运者，他们不相信自己也会有机捕捉到机遇，造成这一认识的原因可能是因为我们对机遇缺乏一种正确的认识和必要的了解。

其实，机遇本身是具有它独特的性质和特点的，而在有的时候，它披上了一件神奇的外衣，这不免会让我们感到机遇是那么的扑朔迷离、

第一章 发现"猎物",不妨等其"自投罗网"

难以捉摸。每当你一心等待它光临的时候,它却怎么也不肯露面,让你在那里一直傻傻地等着。可是突然有一天,你对它毫不在乎之后,甚至根本不把机遇放在心上,它又可能不期而至,也会不辞而别。

在我们的周围可能总有一些这样的人,他们也许算不上最聪明的,更没有什么特殊的天赋,可是他们却总能够找到自己如意的终身伴侣,做任何事情都是易如反掌、心想事成。

像这样的人总能在一个适当的时间出现在适当的场合,结果让自己轻而易举地就获得了各种好处和利益。

这到底是什么原因呢?背后难道有什么隐藏的力量吗?伟大的怀斯曼教授告诉我们:"都不是,因为只有迷信的人才会相信人生下来就有幸运和不幸运之分。"那些能够轻而易举获得机遇的人,主要是因为他们的头脑中时刻都潜藏着机遇意识。

在加州海岸的一座城市当中,所有适合建筑的土地在当时都已经被开发和利用完了。而在城市的另一侧是一些陡峭的小山,在小山上是无法建筑房屋的,而城市的另外一边的土地也不适合建造房子,因为地势太低,每天都会出现海水倒流的情况,可以说每天总会被海水淹没一次。

结果有一位善于捕捉机遇的人来到了这个城市。一个具有机遇意识的人,同时还具有敏锐的观察力,这个人当然也不例外。

在这个人到达这座城市的第一天,他就立刻看出了从这些土地赚钱的可能性。于是,他决定先预购那些因为山势太陡而无法使用的山坡地,进而又预购了那些每天都要被海水淹没一次而无法使用的低地。

在当时,他预购这些土地价格是非常低的,因为这些土地在这个城市人的眼中被认为是没有多少价值的。

在他购买完这些土地之后,他用了几吨炸药,把那些陡峭的小山炸成了平地,接着,再利用几辆推土机把泥土推平,一下子原来不平坦的

· 3 ·

山坡地就成了很漂亮的建筑用地。

除此之外，他又雇来了一些卡车，把多余的泥土倒在地势低洼的地上，这样就让其超过了水平面，海水再也淹不到了，所以，这些低地自然而然也变成了漂亮的建筑用地。

最后，这个人就通过这样的方式赚了不少钱，其实，这个人他只不过是把某些泥土从不需要它们的地方运到需要的地方而已。

虽然我们不能按照自己的主观意志创造机会，更不能随便去安排机遇出现的时间和地点，但是我们头脑中一定要时时刻刻有机遇意识，以便让我们主动而及时地抓住机遇并妥善利用。

正如一位哲人曾经所说："每个人都有机遇，但是如果不加以利用，再多的机遇也是没用的。"其实，成功的人就是懂得利用机遇，而命运全是由于你自己创造的，也全由你自己去转变。成功的关键就在于你去主动地把握住机遇。

2. 机遇是车头，目标是铁轨

赢在三秒钟

"树挪死，人挪活"，天无绝人之路，我们每个人都可以拥有自己的成功。所谓"三百六十行，行行出状元"。当然，你要想成为状元，那么首先就必须找准职业。如何才能找准职业呢？那就是你要重新发现自己，眼观六路，耳听八方，灵活变通，该冲锋时冲锋，需回头时回头。

第一章 发现"猎物",不妨等其"自投罗网"

为了更好地经营自己,让自己更快地适应社会,就需要给自己一个最佳的社会定位,了解自己有哪些优点或者缺点。这样做,就可以大大减少自己适应环境、融入社会的时间。

那些获得了巨大成功的卓著人士,他们的成功首先就是得益于他们能够充分了解自己的优点和不足,而且还能够根据自己的长处来进行定位或者说是重新定位,最后找到属于他们的真正职业。

可是现实生活中,有一些人并不了解自己的长处在哪里,而只是凭借自己一时的兴趣或者说是想法来选择职业,结果就会发生失误。所以说,每个人对于自己的人生定位都千万不要掉以轻心。

正所谓"条条大路通罗马",我们每个人的人生道路原本有很多条,但是并不是任何一条道路都是最适合自己的。

一般说来,通过一次性选择就能够找到人生道路的人是很少的,这已经算得上是非常幸运了。因为这是出于个人的兴趣、爱好和毅力,并且较早地把握了"自知之明"。

但是,对于绝大一部分人来说,却不可能一下子就认清自己的本质,选准努力的方向。他们只有经过社会实践的磨炼之后,才能逐渐找到适合自己的职业。

古今中外,经过重新给自己定位而取得令人瞩目的成就的名人也有很多。

伟大的诗人艾青,他本来是在法国学习绘画,只是偶尔在速写本上记下几句闪光的诗句。结果有一次他写了一首诗,并且寄给一家杂志社,没想到那首诗居然发表了,之后,艾青这才意识到了自己的诗文才华,从而登上诗坛。

伦琴原来也是学习工程科学的,但是他在老师孔特的影响下,开始做了一些物理实验。由此他也逐渐体会到,这才是最适合自己做的职业。后来,他果然成了一位很有成就的物理学家。

法国伟大的生物学家拉马克，更是尝试过了多种职业才开始进入科学领域的。他本来是准备当牧师的，后来又进入了军界，结果走出军界之后他又做了银行职员，这期间他还研究音乐和医学。

结果就在一次去植物园散步的过程中，他非常幸运地遇到了卢梭。从此，他才进入了大有用武之地的生物科学界。

还有一位科普学家叫阿西莫夫，他也是一位自然科学家。他的成功同样得益于对自己的再认识、再发现。

有一天上午，当他坐在打字机前打字的时候，突然意识到：我不能成为一流的科学家，却能够成为一流的科普作家。于是，他就把自己的全部精力都放在了科普创作上，终于使自己成为当今世界上最著名的科普作家。

其实，这些无数的事实都是在告诉我们这样一个道理："人生始于选择，也成于选择。"我们每个人的一生都是由一个个各种各样的选择组成的，所以说千万不能在"一棵树上吊死"。

特别是当你苦恋着一项事业的时候，而且自己也竭尽全力进行了拼搏，可是到头来却仍然得不到你想要的结果，或者是当你在某个公司工作，由于许多人事上的复杂关系而使你难有发展时，那么你就必须当机立断，摆脱"恋战"情绪，投身于更能发挥自己特长和素质的生长点，以便能够另辟蹊径，再展雄姿。

而且值得我们注意的是，现在许多人都在自己并不喜欢，甚至是讨厌的岗位上工作着，干自己并不愿意干的工作，其实我们想想，与其这样折磨自己，空耗人生，倒不如早作决断，另起炉灶。这样，你的成功就会变得更容易。

第一章　发现"猎物"，不妨等其"自投罗网"

3. 目标的设定要恰如其分

赢在三秒钟

当人们抱着过高的目标去接触现实的时候，往往会感到处处不如意，事事不顺心，于是就开始整天抱怨。其实，我们应该首先根据现实来调整自己的期望值，即使你给自己定位很高，但做起事来要现实一些，千里之行始于足下，只有辛勤耕耘才会有所收获。

俗话说："千里之行，始于足下"，要想成就大事就必须要从小事做起，而眼高手低是定位目标的大忌，我们只有脚踏实地，才能把梦想化为现实。

有些人总是有很高的梦想，他们不屑于眼前的小事。别人在他们眼中，也大多是一群碌碌无为的平庸之辈，更不屑与他们进行交往。

在和这样的人交往初期时，人们往往会被他们表面的雄心壮志所迷惑，老板也会认为他们是难得的栋梁之才。可是事实上，他们眼高手低，大部分时间都沉浸在自己的伟大目标中，长此以往，他们不可能，也不会做出什么成就，而当初自己的雄心壮志也就会难免成为别人的笑资。

除非他们能够翻然悔悟，奋起直追，不然的话，等待他们的往往是自己慢慢地堕落，或者是选择跳到其他公司继续发牢骚，让自己的悲剧再一次上演。

小张曾经毕业于某大学外语系，他一心想进入大型的外资企业，最后却不得不到了一家成立不到半年的小公司"栖身"。而心高气傲的小张根本没把这家小公司放在眼里，他想利用试用期再去找找其他大型公司。

因为在小张眼中，这里的一切都不合拍，和自己梦想中的工作完全不是这么回事。就这样，小张天天抱怨老板和同事，双眉不展、牢骚不停，而实际的工作却经常是能拖则拖、能躲就躲，因为他认为这些"芝麻绿豆的小事"根本就不在他思考的范围之内，他的梦想是自己的工作应该是"一言定千金"的那种。

就这样，很快试用期就过去了，老板认真地对他说："我们认为你确实是个人才，但你似乎并不喜欢在我们这种小公司里工作，因此对手边的工作敷衍了事。既然如此，我们也没有理由挽留你。对不起，请另谋高就吧！"

直到这个时候，被辞退的小张才清醒过来，当初自己应聘到这家公司也是费了不少力气的，而且，就眼前的就业形势，再找一份像这样的工作也很困难，可是现在他说什么都已经晚了。

但是有的人则不同，他们自己心中也有很多的梦想，然而他们不会每天都深陷于幻想中难以自拔。他们会制订好切实可行的计划，从现在的工作开始做起，从一点一滴的小事做起，并且让自己毫不松懈地坚持下去。

因为他们明白，除非靠自己的努力把事情做成，不然什么也不会发生。就这样，他们每一天都会默默努力着，终于有一天，他们的梦想实现了。

宋娟在北方就读的大学，她一毕业就去了南方，然后顺利地在一家跨国公司找到了工作。

上班的第一天，宋娟就发誓要让自己成为公司里的不可或缺的人才，她当时负责的工作是档案管理，对于资源管理专业出身的宋娟来

第一章 发现"猎物",不妨等其"自投罗网"

说,她很快就发现了公司在这方面存在的弊端。于是,她开始连夜加班,大量查阅资料,运用所学的理论知识写出一份非常详细的解决方案,并且还将公司内部工作运行流程、市场营销方式以及后勤事务的规范,也整理出一套完整的方案,然后一并发到行政经理的电子邮箱中。

结果没过几天,行政经理就找到宋娟,而且还语重心长地拍了拍她的肩头说道:"公司对勤奋的人,向来是给予足够的空间施展才华的,好好努力。"

之后,宋娟更加勤奋地努力工作。

有一次,公司想竞标一个大商厦周围的霓虹灯架设工程,当时,同事们整天翻案例找朋友,忙得是焦头烂额。

宋娟白天做自己分内的工作,晚上也是通宵不眠,熬红了眼做方案文书。就在竞标前一天提交方案的时候,宋娟去得最晚,行政经理不解地问道:"你们部门已经交来了。"宋娟充满信心地看着他说:"这是不一样的!"

结果在竞标的当天,各种方案一下子被否决掉好几份,公司高层开始紧张,决定试试宋娟的方案,没想到这一试让宋娟为公司立下了汗马功劳。

第二天,这一消息就传遍了整个公司,大家都知道了人事资源管理科有个叫宋娟的人很出色。

一个月之后,公司人事大调整,原来的部门经理调去别的部门,新来的行政任命文件上赫然印着宋娟的名字。

看一下我们的身边,像小张或者宋娟这样两种截然不同的人应该是不在少数。也许你会对那些刚开始豪情万丈的人充满由衷的向往,忍不住在心中勾画起自己的蓝图来。

这样做其实没有错,每个人都应该有自己的理想,但是理想要切合实际，更重要的是，你要做好行动的计划和准备，要通过自己的努力实现理想。所以，那些能够踏实努力做事，并取得了一定成绩的人才是真正值得我们去学习的。

每个人都是要做一些事情的，只知道空想是不行的，如果每天都沉浸在自己的梦想中，以至于耽误了宝贵的时间，想做的做不到，该做的又不去做，那么你怎么可能成功呢？怎么能够实现梦想呢？

4. 机遇需要我们去适应

------- 赢在三秒钟 -------

俗话说："选择即机会。"选择越多，机遇也就越多，有的时候，我们会因为有太多的选择机会，而感到困惑，不知所措。假如在你的眼前一下子出现好几个机会，让你进行选择，这真的是一件苦恼不堪的事情，但是反过来说，也正是这各种各样的机遇，才能够让我们在作出选择的时候，重新认识自己。

成功者的秘诀就是要随时审视自己的选择是否正确，是否存在偏差，能够合理地调整目标，放弃自己无谓的固执，这样才能轻松地抓住机遇，并且继续走向成功。

当你在确定了自己的理想目标之后，下一步所要做的事情便是鉴定自己的目标是否可行，换句话说是鉴定自己能否顺利达到所希望的领域。

而且你必须研究一下自己要达到这样一个目标，所需要的时间、财

第一章　发现"猎物"，不妨等其"自投罗网"

力、人力是多少。你的选择、途径和方法，你的目标只有经过实践的检验才能够看出你设定的目标到底有多高的可行性。当你发现自己的目标是可行的，那么就要勇敢地为实现目标去行动。假如你发现自己的目标可行性不高，那么你就要量力而行，修正自己的目标。

如果你下定决心对现有的目标进行调整，就必须考虑到目标改变之后所出现的情况；如果你决定解决某一问题，就必须考虑到解决过程中可能遇到的困难有哪些。

有许多满怀雄心壮志的人，他们的毅力非常坚强，但是由于不懂得新的尝试，所以总是无法适应机遇，取得成功。

我们每一个人应该坚持自己的目标，不能犹豫不前，但也不能太死板，不懂得变通，如果你确实感到这个目标是行不通的话，那么你就不妨尝试换一种方式吧。而那些能够百折不挠，牢牢掌握住机遇，并且实现目标的人，他们都已经具备了这些成功的要素。

其实，只要你能够拿出毅力，并且懂得及时调整目标，要想达到自己所期望的结果是很容易的。

由于我们每一个人的人生目标是变动的，而我们的计划也要随之调整，为了能够更好地适应另一种生活，就需要我们在体验生活的过程中不断改善自己，调整目标。

当我们每一个人在确立自己的人生目标的时候，大多是根据当时的实际情况以及当时自身的一些主观愿望等其他相关条件。

可是随着时间的推移、现实环境的变化、自身思想的变化、生活经验的增加以及其他条件的改变，人生目标要有一些调整这其实是自然而然的事情。

有时候，选择是躲不开的。人生就意味着选择，而调整目标也就等于重新选择。现如今，随着商品经济的发展和人们自我意识的不断提高，很多人又开始逐渐认识到，现在很多东西是没有一个绝对适应一切人、一切场合的标准的,而应该在顺应历史前进潮流的前提下,作出适合自己的最佳选择。

而且,当代社会本身也呈现出了多元化发展的变化,这种变化也强迫我们要作出选择,甚至在某些情况下,你的不选择本身就是一种选择。

事实上,机遇有的时候更容易降临到那些有着更多选择的人们身上。因为机遇越多,面临的选择也就越多,当然,让我们能够更多地去感受和体验生活也越多。而总有人说,只有那些幸运的人才会有机遇,其实,机遇对我们每个人来说都是平等的,区别在于我们以什么样的心态去面对机遇、迎接机遇。

5. 目标远大赢得机遇

━━━━━━━ 赢在三秒钟 ━━━━━━━

什么是远大的目标,无非是要考虑更多的人、更多的事,以及在更大的范围里解决更多的问题,让自己提升到一个更高的层次。

设定一个远大的目标,不仅能够帮助你掌握自己,还可以最大程度地激发出你的潜能,获得机遇的垂青。

远大的目标能够让你最大程度地实现自己的人生价值,可以说目标越远大,人的进步也就会越快,也就越有可能抓住好的机遇。

在现实生活中,可能有很多人都会有这样一种体会:当你确定自己只需要走1公里的时候,如果你已经走完了0.8公里,那么很有可能你

第一章 发现"猎物",不妨等其"自投罗网"

就会让自己松懈下来,因为你会想:反正马上就要到达终点了,而且自己现在也有一些累了,所以走慢一点倒也无所谓。

但如果你给自己所确定的目标是 10 公里,那么你就会加倍重视它。让自己做好充分的思想准备和其他的准备工作,然后再开始行动,走完这 10 公里。

而且你在行进的过程中,肯定会注意自己行进的速度、节奏与步伐,甚至会不断给自己进行鼓励,激发自己的潜在力量。就这样,当你走完了七八公里之后,你也断然不会因为劳累,或者是其他原因让自己松懈下来,而是懂得后面的冲刺才是最为重要的,如果自己现在不努力的话,一不小心就会前功尽弃。

由于你本身就渴望自己能够作出一番大事业,让自己达到成功的彼岸,而这也就需要你掌握更多的知识和技能,有的时候甚至需要你放弃一些东西。而在这些过程之中,你就会强迫自己不断地努力学习,去适应社会的变化,只有这样,你才会越来越强大,具有超乎常人的知识、能力、胸襟,这样以来,你就能够抓住最好的机遇,并且逐渐取得自己的成功,最后得到别人的尊敬和认可。

可以说,远大目标是你一生的志向,需要我们一生不断地努力才能够实现。所以,这个目标不可能非常的精确,特别是对于那些没有多少成功经验,以及阅历不深的年轻人来说更是如此。

我们每个人,只有随着自己成功经验的不断充足,人生阅历的逐渐加深,甚至是某些阶段性目标的逐一实现,才能对自己的人生目标有一个完善而清晰的认识。

对于我们的人生远大目标,没有必要让自己了解得非常详细,只要有一个比较明确的方向,以及大致的程度要求就可以了。

在几年以前,有一个炎热的夏天,当时一群铁路工人正在铁路的铁轨上进行工作,而这个时候,远处一列缓缓开来的火车打断了他们的

· 13 ·

工作。

可就当火车开到他们跟前的时候，居然停了下来，最后一节特制的车厢的窗户被人打开了，一个低沉而友好的声音响了起来："大卫·安德森，是你吗？"

大卫·安德森是这群铁路工人里面的负责人，他回答说："是我啊，吉姆，很高兴见到你啊，咱们好久没有见面了。"于是，大卫·安德森和吉姆·墨菲进行了短暂而愉快的交谈。长达一个多小时的愉快交谈之后，两人热情地握手道别。吉姆·墨菲是当时铁路公司的总裁。

当吉姆·墨菲重新登上列车，远去之后，大卫·安德森的下属一下子包围了他，他们没有想到大卫·安德森居然能够有一位墨菲铁路总裁的朋友，所以感到非常震惊。而大卫·安德森解释说，在20多年以前，他和吉姆·墨菲是在同一天开始为这条铁路工作的。

其中一个人半认真半开玩笑地问大卫·安德森，为什么他现在仍在铁路上工作，而吉姆·墨菲却成了总裁。

大卫·安德森听完之后，非常惆怅地说："23年前的我是为了1小时能够挣到1.75美元的薪水而工作，可是我的朋友吉姆·墨菲却是为了这条铁路而工作。"

可见，人生目标的大小直接影响到一个人一生的成败，我们只有为自己设定一个远大的目标，才能够让自己把握住那些有价值的机遇，最后取得更大的成功。

第一章 发现"猎物"，不妨等其"自投罗网"

6. 机遇离不开目标的建立

赢在三秒钟

一个积极的人生愿望和理想是我们每一个人拥有的真正财富。凡是那些能够努力工作，发挥自己的潜力和创造力，最后获得成功的人，其实他们的最终目的就是为了实现自己的愿望。

如果一个人失去了对自己人生的渴望，那么他是根本不可能有前进的动力的，更无处谈起对机遇的把握和实现了。

一个人如果对自己的事业和人生充满了热爱，饱含着希望，而且还能够制定自己的工作目标，那么他就一定会主动地而且是尽自己的最大努力去工作，让自己想方设法抓住一切机遇，使它们成为现实。

我们就拿伟大的传奇人物比尔·盖茨来说吧。他于1955年10月出生在美国西北部城市西雅图，比尔·盖茨在小的时候和其他人一样，并没有什么超人之处。

当比尔·盖茨8岁的时候，由于某些原因，他的母亲带他去看一位医生。那位医生给了比尔·盖茨充分的信任，而正是这样的信任，在以后的生活中，对比尔·盖茨战胜生活中的各种挑战和挫折起了不可估量的作用。

所以，从那个时候开始，比尔·盖茨就明白了要从生活中得到什么，以及自己如何去做才能够得到自己想要的东西。正是由于受到这样的影响，才使得比尔·盖茨在自己上大学的时候就具有了心理和技能上去改变自己命运的愿望。

在1972年,比尔·盖茨建立了自己的公司,不久之后,他又发明了新的信息语言,他的这一发明大大简化了数据处理器的使用。当然,比尔·盖茨也凭借自己优异的成绩,让他毅然中断了为继承父业在哈佛大学法律系的学习,而开始全身心投入到了新的计算机通用语言的创作中。就这样,几年之后,微软的操作系统诞生了。

在1980年,比尔·盖茨的母亲,当时是华盛顿大学的校长,她通过朋友关系把自己儿子的发明介绍给了第一个推出个人电脑的IBM公司,而这样让非同寻常的比尔·盖茨有了一定的用武之地。在与IBM公司签订了大宗供货合同后,比尔·盖茨的新系统很快就占领了市场。

从此以后,比尔·盖茨的事业可以说是蒸蒸日上,一发而不可收拾,他所设计的新程序源源不断地被开发出来,他设计的"窗口"系统每月可卖到上百万美元。

当时,比尔·盖茨就提出了"分享一切"的口号。在他那坐落在西雅图附近的雷德蒙德微软公司总部,让别人看起来就好像是一个大学的运动场,里面到处可见花园和飞瀑。特别是到了星期天的时候,职员们都会在这里打垒球,到健身房锻炼、去看电影、听音乐会等,他们穿着印有"你的同事是你最好的朋友"字样的上衣,大家之所以能够这样,就是因为公司的员工都对比尔·盖茨深信不疑,可以说比尔·盖茨的人格魅力是不可抗拒的。

经过很长时间的思考和市场分析,最后比尔·盖茨又把眼光瞄准了"信息高速公路"。当然,在此同时,他还致力于多媒体电视的研究。

比尔·盖茨说:"我不想工作太长的时间,当我50岁时,我将把我95%的财产用于资助慈善事业和科研工作。"

正是由于比尔·盖茨放弃了上大学,而是选择投入到自己感兴趣的事业中,不仅让自己体会到了与大学完全不同的生活,而且也成就了他

第一章 发现"猎物",不妨等其"自投罗网"

的成功。

可以说在比尔·盖茨踏进自己选择的事业时,一定是做了充分的准备,当然这一切也离不开比尔·盖茨的勇敢。正是由于比尔·盖茨总是试图尝试能够引领时代的新鲜事物,这也让他获得了源源不断地抓住和实现机遇的动力。

所以,要想发现机遇,并且抓住机遇,离不开人生目标的建立。

7. 机遇的降临在于坚持目标

赢在三秒钟

机遇往往只会降临在那些能够把自己的目标坚持到底的人身上。一个人不能坚持自己的目标,总是喜欢跟在别人后面,不但会让自己很累,而且还可能会让你错过一切好机遇。

其实,当你决定放弃自己的目标,而去选择与别人相同的目标或者理想的时候,机遇已经离你远去了。

乔治的父亲曾经是一家小机器工具厂的老板,受到自己父亲的影响,乔治从小就对各种机器非常感兴趣。

他为了能够跟这些机器多接触一些,在自己 12 岁那年,乔治要求到父亲的工厂去做一名临时工。乔治的父亲看到自己的儿子已经 12 岁了,所以他也希望让儿子锻炼锻炼,于是就欣然答应了。

在一个星期六的下午,工厂的其他工人都已经下班了,于是父亲就找到乔治,让他加班切割一批铁管子。

在那个时候，切割机械还没有发明出来，只能用手锯切割，既费时又费力。而乔治毕竟年幼体弱，干了一阵就干不动了。他就坐下来一边休息一边琢磨是不是有什么更省力的法子。

当乔治的目光落到旁边的蒸汽机上时，他心里忽然一动：这个庞然大物力气大得很，如果能够让它来帮助切割的话，那就太好了。

于是，乔治将钢锯固定在蒸汽机上，做成了一把简易机械锯。用它切割，一根铁管几秒钟就锯好了。乔治看到之后非常惊喜，这个机械锯对于乔治来说，算是他平生的第一个发明。

过了一段时间，乔治觉得自己通过这种土法制造的东西，既不美观也不耐用，于是他又想把它设计得更精美和结实一点。之后，乔治买来一大堆书，开始一心研究起蒸汽机来。

对于还是孩子的乔治来说，要阅读如此专业的书籍难度是很大的，可是他的兴趣激励着乔治不怕苦、不怕累。在整个研究过程中，乔治不但解决了机械锯的问题，而且又发现了一个新的研究课题，那就是当时的蒸汽机是往复式，由活塞上下带动皮带把动力传送到机器上，这样效能自然就不好。乔治经过几年努力，将它成功地改成回旋式，这样一来，不仅节省了大量的能源，而且也提高了效率。乔治也就是凭借这项发明，让15岁的他获得了平生第一个专利。

等到乔治19岁的时候，他应征入伍了。几年之后，乔治复员了，他坐着火车回家。当时的火车制动能力非常差，遇到一些意外的紧急情况是很难刹住车的。

而且非常巧合的是，乔治所坐的这列火车就遇到了这样的紧急情况，结果出轨了。乔治虽然非常侥幸的毫发未伤，但是他不禁想到，坐火车既然如此危险，那么这种危险会危及多少人的生命呢？到底有没有什么办法能够防止火车出轨呢？

于是，乔治决定要好好研究一下这个课题。回到家之后，乔治又开

第一章 发现"猎物",不妨等其"自投罗网"

始广泛阅读有关的书籍,进行了艰苦的研究,最后终于发明了"火车出轨还原器"和"空气制动器",彻底解决了火车刹车的问题。

不过,虽然乔治发明出了这两样东西,但是在当时却没有多大的用途,因为这种东西只能够推销给铁路部门才能够发挥其价值。

乔治本来想,自己的发明能够让无数人的生命得到保障,一定会受到铁路部门的欢迎。但是,他却想错了!因为当他向"铁路大王"范德波特推销自己的这两项发明专利的时候,这位非常傲慢的老先生毫不客气地对乔治说道:"小伙子,我认为你是一个疯子,不然你怎么会有如此古怪的念头。"

由于乔治太年轻了,所以范德波特根本不相信这个 23 岁的小伙子能够发明出这样的东西,让奔驰的火车停住,因为这一问题在当时让很多高级的铁路专家都束手无策。范德波特以为乔治只不过是拿着一个幻想的东西急于为自己出名而已!

在当时,范德波特可以说是业界的权威,既然他说乔治是疯子,那么很多人都觉得乔治一定是疯子。所以,"疯子乔治"的外号不胫而走,之后再也没有一个人相信乔治的发明,自然也就没有人愿意为它的发明投资生产了。

但是乔治并没有受到这些外界因素的干扰,他坚信自己的发明对人类是有极大价值的,因为人们的生命是每一个人都会密切关注的,他相信自己的发明迟早会被人们所接受。

之后,乔治开始一次又一次、不厌其烦地到处推销自己的发明成果。终于有一天,一个名叫巴格勒的人被乔治这种坚持不懈的决心打动了,他愿意投资生产这个产品。产品生产出来后,他们又全力推销。

当时有一家铁路公司的负责人表示,除非他们自费进行一次刹车试验,证明这个产品是可靠的,他们公司才同意购进。而这个时候乔治和巴格勒认为这是大好机会,他们孤注一掷,拿出自己的全部积蓄,进行了这次试验。当人们看见疾驰的火车奇迹般地停住的时候，人们欢呼雀跃起，这也意味着火车出轨这个最大的隐患被乔治给彻底解决了，每个人都是由衷的欢喜。

在这之后，几乎所有的铁路公司都用上了乔治的发明，但是那个固执的"铁路大王"范德波特却除外。不过，当他的火车经历过一次出轨惨祸之后，他立刻决定将自己的火车全换上了乔治发明的空气制动器。

之后，再也没有人叫乔治这个"疯子乔治"绰号了，人们改口叫他"匹兹堡的神童"。乔治正是凭此发明，与巴格勒创办了西渥公司，他们把产品销售到了世界各地。

据统计，乔治的一生共有361项发明，而且还亲手创办了6家著名公司，被人们誉为"发明奇才"和美国现代工业的奠基人之一。

其实，乔治的成功也正充分说明了坚持目标的重要性。可见，坚持目标是我们每一个人迎来一切机遇，并且迈向成功的重要保证。

8. 机遇喜欢具体的目标

――― 赢在三秒钟 ―――

我们需要为自己制定具体的目标，一个具体的目标更容易让我们有前进的动力，也更容易让我们抓住机遇。正如大文豪托尔斯泰说："人要有生活的目标：一辈子的目标，一个阶段的目标，一年的目标，一个月的目标，一个星期的目标，一天的目标，一个小时的目标，一分钟的目标，还得为大目标牺牲小目标。"那些能把握机遇的人，正是有具体目标明确的人。

第一章 发现"猎物",不妨等其"自投罗网"

一提到目标,很多人也许会想到目标是将来的事情,是有待于在将来实现的,但是目标也是能使得我们更好地把握住现在。

为什么这么说呢?因为一个目标的成功实现需要我们能够把大的目标看成是由一连串细小的任务和细小的步骤组成的。要实现一个目标,就要制定并寻找出这些细小的任务和细小的步骤。所以,如果你集中精力于当前的工作,心中明白现在所做的各种努力都是在向着将来的目标前进,那你为了自己的目标就不会走弯路。

一个大目标的实现也是由许多小目标的实现所积累出来的;每一个成就大事的人,都是在自己完成了无数个小的目标之后,才实现了他们伟大的理想,把握住了机遇。

1984 年,山田本一参加了在日本东京举行的国际马拉松大赛的邀请,并且在比赛中一举战胜了各国名将,出人意外地夺得桂冠。山田本一获得第一的消息引来了人们的好奇,记者们将山田本一紧紧围着,想知道他凭借什么取得了这么出色的成绩。

可是山田本一的回答不仅简单,也让记者们感到很迷茫。他说:"我是靠智慧战胜对手。"通常在马拉松比赛中,运动员之间比的是毅力和耐力,可是这与智慧有什么关系呢?于是人们都觉得是不知所以,不知两者之间的关系。

两年之后的 1986 年,又在意大利的米兰举行了一场国际大赛,山田本一再一次代表日本参加了比赛,并且又夺得了第一名。而这一次记者们又来问他如何取得胜利的时候,山田本一的回答还是那句话:"我是靠智慧战胜对手。"其实在体育运动比赛中,看上去运动员之间是在斗勇,其实也是在斗志,可是记者们还是没有找到这其中的奥秘。

到了 1996 年,山田本一已经过了他运动的黄金时期,他开始逐渐地退出了体育舞台,他写了一本关于自己的书,在他的自传书中,山田本一终于给人们揭开了奥秘。

原来他在每次比赛之前，都要把比赛的路线仔细地走一遍、看一遍，并将沿途一些特别明显的事物记录下来，比如说一家银行，一个花园，一所学校等。山田本一就把这些东西从起点到终点记录下来。比赛开始后，山田本一就用短跑的心态去克服一个个的目标，等把第一个目标突破了，就想着突破第二个目标，结果整个路程都被他分成了十几个，甚至是几十个小目标，这样就可以比较轻松地跑完了。

其实分段地实现大目标，本来就是一种很大的哲学智慧。在日常的生活和工作中，我们每一个人都会有自己的目标，而达到这些目标的关键就是在于把目标细化、具体化，一个一个地突破它们，从而也一步一步地提升自己，抓住一切机遇。

目标会让我们有积极性，你给自己定下了一个目标，这样你的努力就有了依据，你也会在心中时刻想到自己的目标，起到了一个鞭策自己的作用。

目标就像是一个你看得见的靶子，随着你的不断前进，你就可以努力、准确地射中靶心，去实现这些目标，这样你就能有成就感。一个人不仅仅需要有一个远大的目标，更重要的也要设定短期的目标，并分阶段去完成，一步一步地来实现自己的伟大理想。如果一个人总是好高骛远，做事没有实际，那他肯定一辈子都碌碌无为，一事无成。

9. 等待机遇需要耐心

―――――赢在三秒钟―――――

我们每个人在追求成功的道路上，难免会有漫长的等待过程。之所以最后有的人成功了，有的人失败了，并不仅仅是因为他们自身能力有

第一章 发现"猎物",不妨等其"自投罗网"

多大的差别,很多时候是因为一个人的耐心。

我们与其说人生是一个成长的过程,不如说人生是一个修炼的过程。在漫长的修炼过程当中,我们肯定会遇到各种各样的问题,而要想办法解决它们,不要让它们妨碍了你的"修行"。

我们可以从修炼心性入手,来培养自己的耐心,锻炼自己的意志,历练和体悟都是增长智慧的良方,更是我们修炼的基础。

有一位名气很大的大学医学院教授在一个新的学期迎来了他的新学生。开学后不久,有一天上课的时候,他把自己多年以来积累下来的论文手稿都搬到了教室,一份一份地分给了他的学生们,让学生们重新认真仔细学习一遍。

学生们当时都觉得非常奇怪,但还是打开了论文手稿。可是,当他们看到论文手稿以后更感到不解了,因为这些论文手稿已经非常工整了,完全没有必要再去重新抄写一遍。

几乎所有的学生都认为做这样的工作简直就是在浪费自己的青春和生命,花费这么多时间,还不如去多搞一些发明创造或者做一些有用的研究更为实际。最后,大家没有人去理会教授的安排,都跑到实验室去搞研究去了,而且学生们还说:"谁要留下来浪费时间,真的是一个大傻瓜。"可是让大家都没有想到的是,还真有这么一个"傻瓜",他没有和大家一起跑去实验室,而是老老实实地待在教室里,听从教授的安排整理那些论文手稿。

就这样一个学期过去了,那个学生把所有的论文手稿都抄写了一遍,当他把这些东西送到教授办公室的时候。教授一脸和蔼微笑着说:"恭喜你,我的孩子,在我眼里这门课只有你一个人学好了。"

看着学生一脸迷惑的样子,教授又说:"孩子,我向你表示敬意,这项工作不仅繁重而且乏味,那些我认为很聪明的学生都不愿意去做,只有你完成了。"这个学生更加疑惑了,教授一改和蔼的面孔,严肃起来,"孩子,我们从事医学研究的人,聪明和高超的医学技术固然重要,可最为重要的还是需要严谨认真、一丝不苟的态度。年轻人可谓是后生可畏,可就是心太高、太急躁,往往为求成功,容易忽略了细节。在其他工作中一个微小的细节出错可能还没什么大碍,可是我们是医生,一个细小的失误,丢掉的就可能是一条生命。"

停了一会儿,教授看学生深思起来,又和蔼地说:"我让你们抄那些手稿,一方面是让你们巩固学习的知识,另一方面当然也是最为重要的一方面,就是想让你们一直保持严谨的学习态度和研究作风。"

这位教授的话深深触动了这个学生的心灵,他从此不管在生活中还是在学习上,都把教授的话当做金玉良言。

他不仅仅老老实实地一直做"傻瓜",而且在医学研究上也始终保持着一丝不苟的严谨作风。

最后,和大家期望的一样,他成功了,他成为人类历史上首次发现了结核菌、霍乱菌的人,也成为第一个发现传染病是由于病原体感染而造成的人。他的名字叫做科赫。

在1905年,鉴于科赫在细菌研究方面的卓越成就,瑞典皇家学会将诺贝尔医学奖授予了他。

其实,在有的时候,如果你能够耐得住孤寂、无聊,即使你的能力不是最强的,也一样可以迎来成功的曙光。但是,如果你没有足够的耐心去等待成功的到来,即使你的能力再优秀,到头来也会是一无所获。所以说,机遇既需要每个人积极的追求,也离不开耐心的等待。

第二章
该出手时就出手,紧抓机遇不放松

我们应该珍惜拥有的东西,因为珍惜现在,就代表着珍惜机遇。我们现在所拥有的一切都可能潜藏着带我们走向成功的机遇。很多时候,我们在机遇面前有太多的顾虑,结果最后等到机遇离开自己才追悔莫及,为此,我们一定要当机立断,让自己牢牢把握住机遇。

1. 机不可失，时不再来

───────── 赢在三秒钟 ─────────

"有机会就上"这是一种积极的态度，任何事情不管是成功还是失败，都要勇敢地去试一试，这样你才会得到更多成功的机会。虽然"有机会就上"会让你失败的概率提高，但是相对的成功的概率也会加大，你不去尝试，又怎么能够知道结果如何呢？

机会很多时候就在我们的面前，可是令人惋惜的是，大多数人根本就意识不到机会的存在。他们不能把握好机会的到来，错过了一次又一次与机会的约会，让机会从他们的眼前溜走了，可是最后他们反而又开始责怪自己不够运气，机会不降临到头上。

事实上，完全没有机会的人是不存在的，人人都有机会。那些感叹世道不公平，老天爷不眷顾自己，甚至是忌妒他人成功的人，在他们的眼中，什么是机会？那就是应该和天上掉馅饼一样，而且最好能够直接掉进他们的口中。可是，他们却没有发现，机会到处都是，只怪他们自己看不到，自己没有勇气迎难而上，甚至连伸手抓一抓的勇气都没有。

俗话说"机不可失，时不再来"，这其实是一个非常简单的道理。有的时候你想想，很多机会就摆在那里，可是你却由于瞻前顾后，前怕狼、后怕虎，犹豫不决等原因，以致最后让机会从你眼前溜走了。难道这样的例子还少吗？

正是因为我们对自己不够自信，不相信自己的能力，所以才会对本来唾手可得的机会，不加以利用，让自己永远成不了胜利者。

第二章 该出手时就出手,紧抓机遇不放松

现在很多经商的人总是感叹市场变幻莫测,生意越来越难做了。但是,我们再看看那些成功的企业家们,他们好像根本没有这样的顾虑,因为他们总是会用自己敏锐的眼光抓住市场和行业的机遇,让自己的事业越做越大。

说到底就是一句话,正是因为他们抓住了大机会,才使他们获得成功,能够运筹帷幄,决胜千里之外。

中国有这样一句话"当断不断,反受其乱"。华裔电脑名人王安博士,就声称这辈子对他影响最大的事情发生在自己还是小孩子的时候。

有一天,王安外出玩耍,在他经过一棵大树的时候,突然有什么东西掉在了他的头上,他发现原来是一个鸟窝,而且里面还有一只刚刚出生不久的小麻雀。王安对小麻雀喜欢万分,决定把小麻雀带回自己的家里喂养,可是王安的妈妈非常严厉,根本不喜欢小鸟、小猫、小狗等小动物,结果当王安走到家门口的时候才想起来妈妈是不允许在家里养小动物的。

所以王安就把小麻雀先放在了门外的楼梯上,匆匆忙忙地跑进屋里,请求妈妈能够让自己把小麻雀带回家。结果在王安的苦苦哀求下,妈妈破例同意了,这下子可把王安高兴坏了,他兴奋地跑出房间,可是却发现小麻雀已经不在了,而这个时候他听见了"喵喵"两声,只见在不远处的台子上,一只黑猫正在意犹未尽地擦着嘴巴,原来小麻雀被黑猫给吃了。

就是童年的这样一件事情,在王安的内心深处留下了沉痛的教训,他也记住了:只要是自己认准的事情,绝对不能优柔寡断,必须马上采取行动。

有的人可能会认为这样太冲动了,会给自己带来一些不必要的麻烦。是的,不能做出决定的人固然不会做错什么事情,但是往往也会失去成功的机遇。

"先下手为强，后下手遭殃"这句话现在已经被很多人看成是人生的至理名言，而且更是很多玩弄权术之人崇尚的人生准则。

中国历史上有很多例子就正好能够为这句话做出诠释。赵高在秦始皇死了之后，就先下手，擅自改了遗诏。康熙皇帝当时把传位的遗嘱挂在了大殿的横梁之上，可是没有想到四皇子先下手也把遗诏给改了，将"传位十四太子"改成"传位于四太子"。

当年慈禧太后不也是先下手一下灭掉了八大顾命大臣，从而将政权牢牢地掌握在了自己的手中。这样的例子实在是太多了，数不胜数。

"先下手为强"这句话说的是真的没有错。往往早迈出一步的人，就能够摘到大的果实。如果路上的人都已经达到饱和状态了，你才缓缓地开始行动，那么你最后的结果无非是尝尝失败的滋味。

在几年前，日本打保龄球的风气非常流行，可是流行的时间并不长，很快这阵"保龄球风"就过去了，而以往门庭若市的保龄球馆现在已经成了无人问津的地方。

而这种情况如果是一开始就迈出脚步，开了保龄球馆的人一定会得到丰厚的利润。但是，后面起步的人，情况肯定就不怎么乐观了。

除了保龄球之外，大家最为熟悉的股票市场也是如此。认为某只股票会涨，而最先下手购买的人，在股票不断上涨的时候就会赚到钱。可是，当大部分人都觉得这只股票会涨的时候，其实差不多它也涨到最高点了，即使涨也不会太多了，反而这个时候你应该抛售了。所以不管是插手还是退出，都应该比别人快一步。

记得拿破仑·希尔说过："不要等到万事俱备以后才去做，永远没有绝对完美的事。如果你要等所有条件都具备以后才去做，只能永远等下去。"

其实，等待几乎就意味着失去机会，人人都看见的机会，那已经算不上机会了。

第二章 该出手时就出手，紧抓机遇不放松

2. 不要让机遇从你手中溜走

―――――赢在三秒钟―――――

机会总是平等地出现在我们每个人的面前，而当机会出现在你的面前时，如果你能够牢牢地把握住它，你就会将它变成自己人生发展的有利条件，让自己的人生出现大的转机。

机遇对于我们来说总是可遇不可求的，稍纵即逝。只要抓住机遇，就能争取主动，超常发展；而如果丧失机遇，就会陷于被动和落后。一个成就大事的人，在遇到机会的时候，必定是能够看得准、敢于抓得快的人，而绝不会让机会就这样从自己的身边溜走。

熟悉皮尔·卡丹经历的人都知道，他是真正白手起家的成功者，而他的成功除了靠自己的天赋之外，更重要的是靠他的勤奋、机遇和勇气。

皮尔·卡丹在2岁的时候就随母亲移居到法国的冈诺市，当时正值"一战"后的世界经济萧条时期，万业荒废，工人失业率高，由于皮尔·卡丹的家庭十分贫穷，生活潦倒，他只读了几年的书就辍学了。

为了生活，皮尔·卡丹到处寻找工作，17岁的时候，他就到了一间红十字会做工。皮尔·卡丹从小就表现出与逆境抗争的能力。到了红十字会以后，凭着他的勤学和机敏，很快就当上了一名小会计。在他当会计的这段时间里，他学会了一些经济方面的知识，比如成本核算和经济管理等，这可以说是皮尔·卡丹人生经验的初步积累。而在做会计的同时，皮尔·卡丹发现自己对裁剪居然有着浓厚的兴趣。

3年后，皮尔·卡丹到了一家服装店当学徒，几年的工夫，他已经熟练掌握了裁剪技术。而这个时候的法国，也慢慢恢复昔日繁华的面目，皮尔·卡丹当时也被这日渐浓厚的服装消费气息所熏陶，他决定要成为一个裁缝师。

于是皮尔·卡丹不断地拜师学艺，与同行互相学习，短短的几年工夫，皮尔·卡丹已经是有一定技术实力的裁缝师了。但是，他当时还是没有多大的名气。皮尔·卡丹开始到处寻找各种机遇，希望机遇能够给自己带来转机。

1945年5月的一天晚上，皮尔·卡丹独自一人在郊外的一个小酒店里喝着闷酒。当他要第三杯时，酒店里有一位破落的老伯爵夫人向他走来。这位老夫人原籍是巴黎，由于家境破落后迁至维希。这位老夫人见眼前的皮尔·卡丹一副无精打采的样子，便主动上前和他交谈。而当时的皮尔·卡丹此时也正好心烦，有这么一位毫不相干的老夫人交谈，正好可以向他倒倒苦水，于是就把事情的经过给她讲了。

原来这位老夫人是冲着卡丹穿着的这套衣服来的，这身打扮很时尚，她想知道这套时装的来历，一问才知，这套衣服是皮尔·卡丹亲手设计、裁剪并制作的。

当她得知这个情况后，情不自禁地脱口而出："孩子，你会成为百万富翁的，这是命运的安排。"原来，这位老夫人年轻的时候经常出入巴黎上流社会，结识了许多服装设计大师和著名的时装店老板，巴黎帕坎女式时装店经理就是她年轻时的密友。于是，老夫人便把帕坎女式时装店经理的姓名和住址告诉了皮尔·卡丹。

在临别的时候，她还拍着皮尔·卡丹的肩膀笑着说："苦恼什么，年轻人，在巴黎的战争早就结束了，你难道还不知道吗？"

老夫人的这个惊人消息，以及当时听起来可笑的预言，竟然激起了皮尔·卡丹埋藏已久的希望之火，帕坎女式时装店经理的名字和住址，简直就是一次从天而降的机遇。他暗暗发誓，让自己振作起来。

帕坎女式时装店是当时巴黎的一家著名时装店，而这家店经常为巴黎的一些大剧院制作戏装。店老板得知伯爵夫人介绍一位外省的年轻人来求职，便亲自接待了皮尔·卡丹，并对他进行了面试。使老板惊异的是，卡丹的裁缝手艺以及设计才能远远超出了他的想象。最后老板便毫不犹豫地雇用了皮尔·卡丹。

在这里，皮尔·卡丹潜心于自己心爱的事业，刻苦钻研，拜师结友，可以说是如鱼得水。没过多长时间，皮尔·卡丹就获得了巨大的成功，他的名字开始进入上层社会名流的耳中。

不久之后，皮尔·卡丹的两位好友就鼓动他开设自己的时装公司。1950年，皮尔·卡丹倾其所有，在巴黎开了第一家戏剧服装公司，而这就是皮尔·卡丹大显身手的地方，也是皮尔·卡丹走向成功的摇篮。

皮尔·卡丹决意自己独立经营时装，并以自己名字的第一个字母"P"作为牌子亮出去。由于在人才济济的巴黎，没有名气的皮尔·卡丹，虽然制作了以自己名字为招牌、款式十分新颖的时装，但"P"字牌还是无人问津，生意非常清淡。但是，卡丹并没有因此而气馁，他决心在精心设计和适销对路上下工夫。

经过卡丹的不懈努力，"P"字牌服装终于有了转机，赢得了以挑剔著称的巴黎顾客的喜爱。过去，人们瞧不起成衣，可是，卡丹的创造性设计逐步改变了人们的观念。

现如今，皮尔·卡丹已经拥有了从设计加工到生产的庞大时装业，"卡丹帝国"的主人皮尔·卡丹从原来两手空空的工人，发展到现在不仅在法国拥有上百家分店，而且在世界上97个国家开设分店。

经过30多年的努力，"P"字牌成为超级名牌。今天，他拥有约十亿美元的资产。勤奋和勇敢可以创造机遇，这是皮尔·卡丹成功的秘诀。

可见，机遇对于我们每个人来说都是平等的，关键在于我们能不能坚持到最后，坚持到机遇垂青我们的那一刻，只要能够坚定不移地去做一件事情，那么机遇自然就会来到你的身边，助你成功。

3. 犹豫不决让你错失良机

赢在三秒钟

我们为了获得机遇，就必须先消除恐惧，只有完成这个步骤，才能够做好接下来的工作，这样你就会有更多的事情要做，就没有时间去考虑害怕或者恐惧的问题了。

有的时候我们与机遇擦肩而过就是因为我们总是犹豫不决，所以，当机遇到来的时候，你应该打开大门迎接机遇，以免稍有迟疑就让你失去即将到手的机遇。

失败的人常常犯的错误就是在机遇来临的时候，总是患得患失，犹豫不决。所以每个想要在社会竞争中获得成功的人，都要彻底克服犹豫不决的弱点，千万不要让自己总是盯着可能存在的一点风险举足不前，要锻炼自己的勇气，敢于出击。

每当我们面临一个新的机遇，那么当你在斟酌得失的时候，你内心就会出现恐惧心理，从而阻挠你制胜的决心。这其实是每个人都有的心理变化，如果我们不能够趁早加以克服，那么这种恐惧感就会慢慢累积和扩大，当它占满你的整个心之后，就会进而侵蚀你的骨髓。

第二章 该出手时就出手,紧抓机遇不放松

那么我们应该如何战胜恐惧呢?我们只有从正面迎击,没有其他好的办法,因为恐惧一旦被你放过,那么它便会经常留在你的身边,把机遇从你身边赶走。

记得早在战争时期,有一次,南军总司令罗伯特·李被逼到波托马克河边,当时正值河水猛涨。

可谓是前有大河,后有追兵,使这位能征善战的总司令陷入穷途末路的境地,这是彻底消灭南军结束战争的最好时机。但是,波托马克河战区的指挥官未德却显得优柔寡断,他不但直接违背林肯总统的指令,召开军事会议讨论,而且举出种种理由拒绝向南军进攻。结果,河水退了,罗伯特·李侥幸带着残部渡过了波托马克河。

有时候,机遇来得太急,反而容易让我们心生犹豫,不知道该不该抓住这个机遇,因此,你平时就应养成主动接受挑战的习惯。

曾经有一个孩子和自己的祖父去捕鸟,当时祖父教给他使用一种捕猎机,它像一只箱子,用木棍支起,木棍上系着绳子,一直接到他们隐蔽的灌木丛中。只要小鸟受撒下的米粒的诱惑,一路啄食,就会进入箱子。他只要一拉绳子就大功告成。

就这样,他们在支好箱子之后,赶紧躲藏起来,没多久,就飞来一群小鸟,共有几十只。大概是饿久了,不一会儿就有6只小鸟走进了箱子。他正要拉绳子,又觉得还有3只也会进来的,再等等吧。

可是等了一会儿,那3只鸟不仅没有进去,反而又从箱子里面出来3只。这个小孩非常后悔地对自己说:"哪怕再有一只走进去就拉绳子。"接着,又有两只走了出来。如果这时拉绳子,还能套住一只,但他对失去的好运不甘心,心想,总该有些鸟要回去吧,终于,连最后一只也走出来了。

最后,他连一只小鸟也没能捉到,但是他却捕捉到了一个受益终身的道理:机遇稍纵即逝,一定要及时果断采取行动。

·33·

有的时候，机遇真的就好像是一个淘气的孩子，一只脚跨在门内，一只脚跨在门外。如果你不理他，那么他自然就会生气地离开你，可是你一旦邀请他，他就会马上进来。

早在美国有一位多才多艺的女演员叫马瑞莉娅。马瑞莉娅是一位很有天赋的演员，在她刚出道的时候，马瑞莉娅只能在歌剧院扮演一些小角色，从来没有担任过主角。

当时一些行家们为了发掘出马瑞莉娅这位天才演员的潜能，一致决定让她在一部新歌剧中试演女主角。然而，马瑞莉娅得知这一消息后，她非常激动，可是激动之余又担心自己把戏给演砸了。

所以，马瑞莉娅主动向行家们提出，希望自己在艺术功力更成熟的时候再担此重任。最后，马瑞莉娅在这场歌剧中仍然是扮演一个小角色。

但是这场演出非常成功，引起了轰动，担任主角的演员因为这场戏大红大紫了。8年过去了，马瑞莉娅的歌艺终于成熟了，但是，一批更加年轻有为的演员成为舞台的亮点，马瑞莉娅却再也没有扮演主角的机会了。虽然她为此后悔不已，但也无济于事了。

有机遇而你不懂得如何去把握，那么你就永远不知道在前面等待你的是什么样的好运，就好像培根所说的："人在开始做事前要像千眼神那样察视时机，而在进行时要像千手神那样抓住时机。"

可见，对于一个人来说，无论什么样的好机遇在你的面前，假如你犹豫不决，没有行动，那么就永远不可能赢得任何机遇，因为机遇只青睐有准备的头脑和立即行动的人。

第二章 该出手时就出手,紧抓机遇不放松

4. 看准时机,及时行动

━━━━━━ 赢在三秒钟 ━━━━━━

任何地方都会存在市场,关键在于你能不能找到这个市场的潜在需求罢了。有句俗话说:"乐观的人,可以在每个忧患中看到机会;悲观的人,却只能在每个机会中看到忧患。"商机是无所不在的,只要让我们换个角度、换一种心态,就能够看到别人所看不见的商机,掌握需求,你就可以成功。

机会往往是突然地,甚至是在不知不觉的情况下出现的,有的时候机遇可能永远都不会为人所知,或者只是在回首往事时才能够认识到过去的那个事情原来是一个机会,有的人庆幸抓住了它,而有的人则后悔失去了它。

其实,机会总是暗藏在生活当中的每一个角落中,假如你有一双慧眼,你就会发现机会真的是无处不在,但是如果你在生活当中就不是一个细心的人,那么在你眼中的生活永远都是平静如水。

可是令人遗憾的是,我们中的大多数人都只是在无聊、枯燥地过着日复一日的生活,他们很难去发现生活之中居然还蕴藏着如此多的机会,而偏偏机会又是转瞬即逝的,如果你没有一双发现机遇,识别机遇的慧眼或者是看到机会而没有把握好,那么机会最后只会与你擦肩而过。

所以说,你必须勇于进行尝试,一次次地去叩响机遇的大门,只有这样，总有一扇门会为你打开的。

之前有一个小伙子走在街上，他心情非常不好，因为他还在为刚才没有做成的生意而懊恼着。这个时候，他走进了一家旅店，刚一进门就被吵昏了头，原来是旅店里面的客满了，人们都相互抱怨着。

就在这个时候，出现了一位绅士，他逐一把这些没有床位的人都轰走了，说："请明天早晨八点再来吧，也许那时你们会有一些好运气！"小伙子听完这位绅士的话之后，真的想大发脾气，因为他自己并不缺钱，可是如今却连一个睡觉的地方都买不到！但是这位小伙子还是非常礼貌地对这位绅士说："先生的意思是你让他们睡八个小时便做第二轮生意？""当然，一天到头可做三轮生意！""你是这儿的老板吗？""当然，整天被旅店拴着，想出去开油田多挣点钱都不成。"

小伙子听完之后有些兴奋，说道："先生，如果有人买这家旅店，你会出售吗？""当然，有谁愿意出5万美元，我这里的东西就属于他了。"小伙子听到这里几乎叫了起来："先生，那你可以去开油田了，你已经找到了买主。"

因为这家旅店的生意一直不错，财源滚滚，最后小伙子毫不犹豫地将它买了下来。

后来这个小伙子成了全美最大的旅店老板，而这个小伙子就是后来的希尔顿。

人与命运之间，就好像是一种合作的和谐关系，而重要的是能及时地认识到什么是机遇。

曾经有一位老人对他的两个儿子说："你们的年纪现在已经不小了，也应该去外面见见世面了，等你们磨炼够了之后，再回来见我吧！"

于是，这两个儿子就听从了父亲的嘱咐，离开了家乡到城市里去锻炼自己。可是没想到只过了几天，大儿子就回来了。

老人看到大儿子回来，显然有些惊讶，于是问道："怎么回事？你怎么这么快就回来了呢?"没想到大儿子非常沮丧地回答道:"爸爸,你不知道,城市里面的物价实在是高得可怕,而且连喝水都必须花钱买,我在那里怎么可能生活得下去呢?我赚到的钱都还没有我花得多呢!"

就这样又过了几天,二儿子打了一个电话回来,并且用异常兴奋的语气对父亲说:"爸爸,我太高兴了,在城市里到处都是赚钱的好机会,就连我们平常喝的水都可以卖钱,我决定要留在这里好好地开创一番事业。"

很快几年时间过去了,由于二儿子很早就看准了城市中的饮用水的市场,并且还掌握了大部分矿泉水的行销渠道和市场,所以二儿子很快就占领了城市整个水的市场,成为数一数二的富豪。

成功的人往往是由于具有超强的成功欲望,这样他们才能够时时保持一种紧张的状态,发现机会就会抓住,并且绝不放过。再加上他们长时间以来练就了自己一身挑战的勇气,所以面对机遇的时候,他们敢于放手一搏。

5. 你要善于抓住稍纵即逝的机遇

赢在三秒钟

进入21世纪以后,我们所处的时代呈现出了三大特点:高速度,快节奏,多变化。而这其中的任何一个特点都要求我们必须提高自己适应社会不断变化的能力,只有这样,我们才能够在竞争变化激烈的当今社会发现并且牢牢抓住机遇,一步步走向成功。

在现如今社会经济和科学技术发展日益迅猛的今天，生活节奏也在不断地加快，我们更应该要善于随机应变，见机行事，培养自己较强的应变能力。而培养随机应变能力的关键就是要培养大脑的快速反应能力。

美国著名记者泰勒则讲到了他自己一次不善于随机应变的沉痛教训。

泰勒有一次奉命去采访一位著名演员的首场演出，可是当他赶到演出地点的时候才知道这场演出已经取消了，结果很无奈的他就回家睡觉了。可令他没有想到的是，正在他睡得很香的时候，报社的值班总编却给他打来了电话，非常生气地责备他道："你居然还在睡大觉啊，你知道今天早晨各家报纸将要刊登的头条新闻是什么吗？就是我叫你去采访那位演员自杀的消息。"接着总编继续说道："你应该懂得，像他这么著名的演员，他的首场演出居然被临时取消，这本身就是一条非常重要的信息啊。"

这个时候泰勒才恍然大悟，他当时只想到要采访的那位演员首场演出的事情了，可是却没有想到也应该采访一下演员首场演出取消的原因。

可见，无论我们从事什么样的事情，由于客观环境是不断发生变化的，而且有的时候我们自身条件也会改变，所以我们就要经常考虑是否需要进行一下调整。

有的人能够很敏锐地发现和抓住时机，正确而及时地作出调整和选择，通过自己最后的努力获得成功，这样的人当他们事后回顾之前自己所作出的选择时，他们会为自己在关键时刻作出正确而明智的选择感到庆幸和骄傲。

有的人总是认为转向就一定意味着自己之前的努力和已经取得的成就将被放弃，这种想法是完全错误的，你要明白善于随机应变，懂得退

第二章 该出手时就出手,紧抓机遇不放松

让是一个人必须具备的一种应变能力。

可能很多人有过这样的想法:武艺高强的人,不仅善于有力地将拳头击打出去,更善于把拳头及时收回来,而且收回拳头的速度要比打出拳头的速度更快。

一个人能不能做到该进则进,该退则退,该坚持就坚持到底,该转变就及时调整,这是鉴定和衡量一个人随机应变能力和创新水平的重要尺度和关键因素之一。

当然,并不是只要客观环境或者是自身条件发生了一些变化,我们就一定要进行调整。你在决定进行调整之前一定要进行一个全面而理性的分析,认真分析一下当你作出调整之后自己所要付出的代价,甚至是它可能给你带来的一些后果。通过这些分析,来判断一下调整是否划算,如果不划算的话,那么就不要轻率地作出调整的决定。

6. 机遇成熟于你的行动中

赢在三秒钟

我们每个人的漫漫人生之路,就是一条追寻机会的道路。有的人在这条路上可谓是平步青云,节节高奏凯歌,可有的人在这条路上却总是黯然神伤。而造成这样的原因就在于你是否找到了机会并抓牢在手中。

人生的成功是要有机遇的垂青,但前提是需要我们自身有一个合理的定位。当然,并不是说有了定位,机遇就会不期而至,而更重要的是需要你在"做"的过程中去寻找和发现机遇。

哥伦比亚广播公司最受欢迎的电视新闻节目主持人叫默罗，他于1937年被任命为哥伦比亚广播公司的欧洲部主任，并且前往日后成为欧洲战争中心的伦敦任职。

当时，希特勒法西斯策划了慕尼黑阴谋，整个欧洲到处都弥漫着恐惧、紧张的气息，第二次世界大战可以说是一触即发。

我们现在看，这次本不起眼的调动，相当于把一个有着远大抱负、才能杰出的人推到了时代的风口浪尖。要不然的话，默罗也不会成为彪炳千秋的默罗，他可能依然留在远离战争的纽约平凡地从事教育节目。

默罗的职务是事务性的，依照惯例，他只需要安排欧洲官员在哥伦比亚广播公司的广播时间，同时组织一些文化教育节目，不必亲自进行新闻报道。事实上，当时电台上的广播新闻也并不多。

然而自从20世纪20年代开始，无线电广播成为美国社会生活中的新生力量。特别是在罗斯福总统通过广播发表了"炉边谈话"之后，社会工作者注意到，收音机已成为美国家庭中的生活必需品。但是，对于当时的人们来说，还是主要收听音乐、演讲以及富有刺激性或者被演绎了的新闻，纯粹的新闻报道被普遍漠视。

1938年3月，默罗到华沙安排教育节目《美国空中学校》。与此同时，希特勒的军队进占了奥地利；奥地利向德国人屈服已经是意料之中的事情。

于是，默罗的助手威廉·夏勒从维也纳打来电话，他们有自己事先约好的暗语。夏勒说："对手球队刚过了球门线。"它的意思是：德军正在越过边境。在证实了消息的准确性后，默罗果断地包租了一架小飞机，直抵维也纳。

战争的一步步逼近，让目光敏锐的默罗意识到了让新闻广播走进千家万户的机会来了，于是，他去当了记者，他在维也纳采访了5天，并于1938年3月12日安排了广播史上第一次"新闻联播"。

第二章 该出手时就出手,紧抓机遇不放松

默罗从维也纳,夏勒从伦敦,另外三位新雇用的报纸记者分别从柏林、巴黎和罗马向美国听众报道了他们的所见所闻。

这次匠心独具的"联合行动"震惊了欧美上下。它也首次向人们充分展示了广播作为现代化新闻传播工具的独特优势,即能够在最短时间里向最广泛的听众提供最直接、最全面的信息。

据统计,在历时 18 天的慕尼黑危机期间,默罗和他的助手共播出了 151 次实况报道,而且涉及了当时几乎所有的重要人物,比如希特勒、墨索里尼、张伯伦等。

默罗小组向美国发回报道的速度之快,犹如电闪雷鸣,频率之高也是当时无人能比的。就这样,因为默罗的原因,大大激发了人们对广播的兴趣以及对欧洲的关注。

记得在 1938 年 12 月,美国一本杂志刊登了第一篇关于默罗的文章,其中写道:(默罗)比整整一船报纸记者更能影响美国对国际新闻的反应。"

在我们的生活中,机遇是无所不在的,细心和积极进取的精神就是你寻找机遇的最好的动力,只有当你勇敢地行动起来,你才会遇见机遇,牢牢地抓住它。

7. 爱机遇,就要抓住它

赢在三秒钟

错过的机会就像是流逝的河水,一去不复返。如果我们把握不住那难能可贵的时机,那么最后留给我们的就是无限遗憾。机会是短暂的,而成功的 1/3 都与机遇有关，所以成功的人也是少数的。而你要想成为这少数人中的一员，就要善于抓住稍纵即逝的机会，你要坚信，只要抓住机会，就能够成功。

有的人说：人生有 4 样东西失去了就不会再回来，它们是：说过的话、泼出的水、虚度的年华和错过的机会。

也曾经有人说机遇就好像是一个小偷，来的时候无声无息，走的时候让你损失惨重。这样的形容真的是非常贴切而且形象的。其实机遇就是这样，当我们意识到它存在的时候，它却早已经远离你了。

所以当机遇来临的时候，你要用力紧紧抓住它，千万不要等到后来才追悔莫及。曾经就有这样一个教徒，看着机会从手中溜走。

约翰是一个很虔诚的教徒，他每天都要进行祷告，而且几十年来从来没有中断过。终于，上帝被他的虔诚感动了。有一天晚上，上帝托梦给了约翰，告诉他说："今晚要发洪水，你不要怕，我会来救你的。"

果然，到了后半夜，真的发生了山洪。而这个时候，村民是逃命的逃命，呼救的呼救，而约翰却双手合十在对上帝祷告。这个时候，有人过来劝他快跑，而约翰却说："你们跑吧，我等着上帝来救我。"

不一会儿，洪水就已经淹没了半个屋子，他只好坐在高高的立柜上，这时，一块木板漂了过来，他想着上帝会来救他的，于是他又选择放弃了。水越涨越高，约翰只好坐到了房顶上，心里想着："怎么上帝还不来救我呢？"他正在想着，只见救援队赶到了，救援人员让他上船，可约翰死活不愿意，因为他就是要等上帝来救他。最后，救援人员也只能无奈地走了。

最后，直到约翰被洪水淹死，也没有等到上帝来救他。等约翰到了天堂，他非常气愤地指责上帝："你说会来救我，我那么信任你，最后等到死，也没有等到你。"

第二章 该出手时就出手，紧抓机遇不放松

上帝听了他的话反驳道："我怎么没有去救你？我先派了一个人让你赶快逃跑，你不听；最后我又扔了一块木板给你，你不用；没办法了，我只好派人划船去接你，可是你就是不上船，这明明是你自己没有把握住生存的机会，怎么能怪我没有去救你呢？"

其实，在生活当中，如果真的有约翰这样的人，哪怕他们是碰上了好运气，遇到了好机会，也会因为自己没有做好准备，不懂得审时度势、头脑不敏感、粗心大意等原因，而错失良机。

我们每个人只有善于利用时机，才会更容易获得成功，所以我们时刻都要让自己处于"备战"状态，这样当机会降临的时候，你才可以一下子抓住它。

曾经有一个相貌英俊的年轻人，他和一家农场主的漂亮的女儿相爱了。可是农场主嫌弃他没有前途，死活不愿意把女儿嫁给他。

但是由于年轻人的再三请求，农场主决定给他一个机会。

农场主让他站到外边的田地里，说："我会放3头牛出来，每一次只放一头，只要你能够抓住任意一头牛的尾巴，我就把女儿许配给你。"年轻人听完之后非常高兴，就站在牧场上等待第一头牛出来。

只见牛圈门打开了，从里面跑出来一头体形庞大、样子很是凶猛的牛。

年轻人心里有点害怕，但是为了心爱的人，他只能咬紧牙关，猛地向牛扑了过去，结果只抓到了几根牛毛，自己还摔了一跤。等他起来，牛已经跑得没影了。

就在这个时候，牛圈的门再一次打开了，而这一次牛更大，更凶猛了，它站在那里就好像是一头狮子一样怒视着年轻人。

可是这次年轻人反而不害怕了，因为他有了上一次的经验，他发誓这次一定要抓住牛的尾巴。果然，年轻人轻而易举地抓住了牛的尾巴，而且也没有受伤。

年轻人非常高兴，但是正当他准备把第三头牛的尾巴也抓住时，从牛圈里面出来的却是农场主，只见农场主满脸笑容地告诉他："恭喜你，年轻人。你抓住了机会，通过了我的考验。"说完之后，农场主就把他领向了牛圈，指着一头瘦骨嶙峋的牛说："这是第三头牛。"年轻人刚要后悔自己为什么不等到第三头牛的时候再抓，却发现这头牛根本没有尾巴。

有的时候，我们人生中的机遇就好像是故事中"牛的尾巴"，是不能等的。一旦出现了，就要用最快的速度抓住，千万不要总是想着下一次再去把握。中国不也有句俗话叫"机不可失，时不再来"。很多机会都是在我们的等待中丢失的。

8. 不要错过眼前的机遇

────── 赢在三秒钟 ──────

几乎所有的成功者都会给人们这样的忠告：要善于抓住眼前的机会，千万不要让机会擦肩而过。的确，机遇是一闪而过的，如果抓不住就意味着失去成功的机会。而只要我们积极努力，灵活机智，那么就一定能够轻而易举抓住机遇，获得成功。

机遇总是在我们面前一闪而过的，如果抓不住机遇，就等于让自己错失了获得成功的机会。

在很多人的眼里，成功的路总是在离自己非常遥远的地方，而梦想对于自己来说更是遥不可及了，其实，越是这样，我们才更应该去追

第二章 该出手时就出手，紧抓机遇不放松

逐它。

爱德华·包克在自己很小的时候心中就有这样的抱负，长大以后他一定要做一个老板：他要创办属于自己的杂志。

就是这样的一个想法，一直在他的脑海中不曾丢弃。虽然爱德华·包克已经从小学毕业，而且又读完了高中，现如今已经进入了社会，但是他没有一刻忘记过自己的梦想。

有一天，爱德华·包克一个人走在路上，无意中看见旁边的一个人打开了一包刚刚买的纸烟，他把纸烟盒撕开，从里面抽出了一张纸条，随即就把这张纸条扔在了地上。看到这一幕爱德华·包克觉得很奇怪，纸烟盒里的这张纸条写的是什么呢？结果当爱德华·包克走过去弯腰拾起这张纸条，原来上面印着一个著名女演员的照片；而且在这幅照片下面印有一句话：这是一套照片中的一幅。

原来烟草公司在刻意敦促买烟者收集一套照片，结果当爱德华·包克把这个纸片翻过来之后，看到它的背面竟然完全是空白的。

顿时，一个想法在爱德华·包克的头脑中油然而生。爱德华·包克想，如果能够把附在烟盒子里面的印有照片的纸片充分利用起来，在它的空白地方写上那些照片中人物的小传，这种照片的收藏价值不就会大大提高了吗？

而爱德华·包克也就是从这个时候开始喜欢上写作的。之后，爱德华·包克赶到了印刷这种纸烟附件的平板画公司，向公司的经理提出了他的想法。这位经理听完之后觉得这是一个不错的主意，当即就对爱德华·包克说："如果你给我写10位美国名人小传，每篇100字，我将每篇付给你10美元。"而爱德华·包克自然很高兴地接受了这项工作。

之后，随着人物小传的需求量与日俱增，爱德华·包克不得不请人帮忙。不久，爱德华·包克便请来了5名新闻记者帮助自己写作小传，以保证能够按期供应给一些平板画印刷厂，可以说爱德华·包克的生意

做得是非常红火。而这也成为爱德华·包克最早的创业形式。

其实，在我们每个人的心中都有梦想，但是并不是所有的人都能够做到处处留心，不让身边任何一个能够实现梦想的机遇从身边溜走，而且也不是每个人都懂得为了实现自己的梦想要积极付诸行动的。

还有一则关于在苏联做生意发了财的哈默的故事。

当时哈默乘轮船返回阔别已久的美国，在船上就餐的时候，他听到了罗斯福要当选美国总统的消息。

结果当他到达纽约港口的时候，哈默发现由于经济萧条，很多码头的货物吞吐量都严重不足，导致了码头闲置，工人们没有活干。

哈默想：这些港口是多么好的地方，就这么一天天闲置着，真是太可惜呀，要是自己能利用该多好啊。

于是，等到哈默回到住地以后，就让自己的仆人们去到处收集国内的一些有关政治和经济的信息，他要仔细分析一下，看看罗斯福当选总统的概率有多大，因为这将决定着他一项重要的投资项目是否可行。

其实哈默的计划是这样的：假如罗斯福能够当选，他必然会实施新政，那1920年公布的禁酒令就会被废除，全国必然会出现对啤酒和威士忌酒的需求，酿酒厂就会重新进行大规模的生产，那么这也就必然需要空前数量的、经过处理的白橡木酒桶，可是这个在当时的市场上却没有。

而在苏联做生意发了财的哈默一下子就想到了苏联，想到了那里有着数不清的橡树，而且他相信凭借自己的关系，苏联一定可以大量出口制作酒桶的橡木板，如果自己向他们大批订购，再运回美国制成酒桶，一定能大赚一笔。

而且哈默连制作酒桶的加工厂的地址都选好了，就是建造在纽约的码头上，因为这样一来可以利用无事可干的码头工人，就为自己省掉了一部分的运费，还节省了大量时间和人力，现在可以说是万事俱备，只欠东风了，而东风就是看罗斯福能否当选了。

最后，罗斯福顺利当选为美国总统，而且很快解除了禁酒令，一时各酒厂对酒桶的需求激增，哈默的酒桶也因此而成了各厂家高价争购的"热门货"。

可见，哈默的成功就证明了那一条经典原则：抓住眼前的一切机会才是真理。

9. 手握小机遇迎来大机会

赢在三秒钟

有的时候，机遇真的就是从一些小事的观察中发现的。有的人可能根本不会理睬，或者也曾想过，但是却不一定付诸行动。而那些真正成功的人，却总是想着如何把握住机遇，通过培养自己的决断能力和执行能力，让自己从别人容易忽略的小机会中发现大机遇，作出准确判断，并一举获得成功。

在这个世界上，凡是聪明的人是不会放过任何一个小机会的，因为他们明白，只有紧紧地抓住小机会，才会赢得更大的机遇。

现如今，有的人常常忽略身边一些看起来不起眼的小机会，其实，他们可能到现在都不知道自己错过了多少宝贵的机遇。

在一天晚上，王宁加完班已经10点多了，于是他走进了离公司不远的一家小吃店，叫了一份虾仁炒饭。可是就在这个时候，他突然听到旁边的两个服务员正在小声对话。"饭没有了。""再煮一锅。""再煮一锅?""对。再煮一锅。"

结果王宁就这样在座位上喝着茶等候了大约有半个多小时的时间,终于看见他点的虾仁炒饭端了上来。在王宁吃饭的过程中,他见到了饭馆的老板,于是问道:"饭店马上就要关门了,您再煮一锅饭的话不是浪费吗?您其实完全可以让我再换一家餐厅吃饭的啊。"

饭店老板听完之后说道:"不浪费。您想想,我们这种小饭店要想吸引一位顾客,那些做宣传、打广告等的费用远远要比多做一锅饭的成本高得多吧。而且,您已经走进了我的饭店,其实您就是给了我们机会,机会也是成本啊。"

著名的美国休斯敦大学华裔科学家朱经武曾经说过:"我能有今天,一大部分要归功于父母,他们教导我经常睁开眼睛,因为这个世界有许多机会和现象等着我们去发掘,即便有时会失败,仍要做到每次试验都要有所得。"

"而对于这一点,我母亲说得最透彻。她说'要是你跌倒在地上,就要想办法抓一把沙'。她认为连最小的机会也是值得我去掌握的。"

中国有句俗话,"一室不扫,何以扫天下?"可见把握不住小的机会,大机会也会随之远去。

在日本有一个叫长泽三次的青年,他在高中毕业之后就到了一家纸盒生产厂工作,但是在一年之后,他辞去了纸盒厂的工作,自谋生路了。

长泽三次想自己干什么好呢?当时的他只熟悉做纸盒的事情,所以他把自己的注意力也自然而然地首先集中在了有关做纸盒的业务上。

长泽三次经过多次调查分析发现,出版单位所需要的用来作为书套的纸盒,在从事书籍装订的厂家看来,这些本来应该由纸盒生产厂家来制造,可是纸盒的生产厂家又认为,这属于书籍装订厂家的经营范围,于是就常常会出现书套纸盒断档脱销的现象。

第二章 该出手时就出手,紧抓机遇不放松

　　长泽三次敏锐地发现了小生意中的大商机,纸盒生意虽小,但这是市场的一个缺口,他可以利用这个缺口乘虚而入。

　　于是,他经过一番认真的分析研究,设计出了一套既能够保证高质量,又能够提高生产效率的制作书套纸盒的合理方案。

　　按照长泽三次设计的方案,整个小纸盒的制作过程可以分为10个部分,而且其中只有1个部分是需要掌握一定技术的人来承担的,其余9个部分可以说任何人都会操作,非常简单。就这样,在长泽三次苦心经营下,几年时间过去了,长泽三次便成了全日本书套纸盒行业的最大制造商。

　　长泽三次正是把握住了这些实在是微不足道的小机会,才获得了最后的成功。如果他也和大多数人一样,对小机会不屑一顾,那么全日本书套纸盒行业的最大制造商就要换人了。

10. 冒险并不愚蠢

赢在三秒钟

　　现在各方面的竞争异常激烈,人们的压力很大,我们只有面对风险,实行风险经营才能够让自己在激烈的竞争中生存下来。其实,任何一个改变现状、向未来探险的想法都是需要冒险精神的,可以说没有冒险精神就不可能成功。

　　"时间就是生命"这是大家耳熟能详的一句名言。可是真正领悟到它深刻含义的人又有多少呢?

当一个人的生命正处于蓬勃时期的时候，他总以为死亡离自己还非常遥远，自己的时间还很充足。其实这种想法就是错误的。时间对于我们每一个人来说都是宝贵的财富。人的一生只有短短的几十年，而真正能够在社会上大显身手的时间更是可以用日来计算。也只有当我们每个人都建立起来了时间宝贵的意识，才能够发挥出自己的潜在力量，能够在有限的生命中利用一切机遇来促使自己成功。

有的人总是认为要等到时机成熟之后，再去做一些事情，实际上到那个时候"黄花菜都凉了"。机遇随时都会出现，而它在出现的时候并不成熟，它的成熟是当我们抓住机遇之后，行动起来变得成熟的。所以说，只有当你看见并且抓住机遇，通过自己的果敢行动才能够让机遇变得越来越成熟。

抓住机遇离不开冒险精神，有些人即使看见机遇到来了也不敢去抓住机遇，因为他们担心会失败，害怕承担风险。

但是现在的社会再也不需要这种胆怯的人，而需要的是敢冒风险的人，敢于抓住机遇，走在时代前沿的人。

哈斯布罗公司是美国的一家玩具生产企业，它从事玩具生产已经有几十年的历史了。在20世纪70年代之前，公司的业绩虽然不能说特别好，但是也算是一帆风顺。可是进入20世纪80年代以后，亚洲劳动密集型产业突起，结果哈斯布罗公司受到了严重的冲击，甚至差一点就破产倒闭。

就在哈斯布罗公司危难之时，斯蒂芬·哈森菲尔德出任了该公司的董事长兼总经理。斯蒂芬·哈森菲尔德首先对公司的情况进行了全面的了解和分析，之后又对美国的玩具市场和全球玩具的生产情况和发展前景进行了深入的调查研究，最后在斯蒂芬·哈森菲尔德掌握了大量信息的前提下，他做出了多项风险决策。

斯蒂芬·哈森菲尔德发现香港的玩具之所以受到美国人的青睐，就

第二章 该出手时就出手,紧抓机遇不放松

在于玩具的样式多,呈现着新、奇、巧的特点。可是要生产这样的玩具,一定要有先进的生产设备,而相比之下公司现有的机器过于陈旧,所以生产出来的玩具品种单调,而且成本还很高。

结果鉴于这种情况,在1982年,斯蒂芬·哈森菲尔德投入了三千万美元更新设备,仅仅过了一年,他又投入了三千万美元收购了当时的布拉德利电子公司,这样就让本公司生产的玩具产品慢慢跟上了时代发展的步伐。

斯蒂芬·哈森菲尔德在进行生产技术改造的同时,还对公司的机构和人事进行了大胆的改组和调整,特别是注意选好公司的推销人员,把销售部门认为是全公司最重要的部门。

可是让我们没有想到的是,斯蒂芬·哈森菲尔德的这一举动让当时许多有一定资历和关系的人不满,因为触及了他们的利益,可是斯蒂芬·哈森菲尔德却毫不犹豫,坚定地把决策贯彻执行下去。

斯蒂芬·哈森菲尔德认为玩具虽然是小孩的爱物,但是也是成年人喜欢的物品,甚至玩具也可以作为一个时代的缩影,所以他投资了上千万美元去研发新技术,还专门成立了研发部门,专门负责研发和开发新型玩具,甚至不惜花巨资购进一些技术专利。

斯蒂芬·哈森菲尔德的这些决策并不是没有风险,在1988年,他花费了两千万美元投资研究的一项电子游戏机,结果最后生产出来之后,经过核算发现效益不好,只能被迫停产,造成两千万美元付诸东流。可是,斯蒂芬·哈森菲尔德并没有因为这次失败而气馁,他总结了失败的原因是因为在决策之前对企业内部、外部的因素分析不清楚。而在之后,他的每项经营决策都会吸取这次教训,做好各方面的调查。

正是在斯蒂芬·哈森菲尔德的大胆决策下,哈斯布罗公司经过十几年的经营,不但起死回生,而且业务是迅速发展,现在已经成为全球的大公司。

可见，冒险精神是企业家应该具备的众多精神之一。它并不是指盲目地、没有方向地冒险。池本正纯曾经指出："所谓'大胆地冒险'并不是盲目蛮干，而是以谨慎周密的判断为基础，比他人抢先得到获取利益的机遇。"

冒险可以说是一种最为高级的艺术，因为它需要一个人极为特殊和罕见的能力与素质。只有那些具有冒险精神的人，才能够在冒险中抓住机遇，获得成功。

11. 害怕失败，你就错失机遇

赢在三秒钟

既渴望得到机遇，又怕自己抓不住机遇的人是不可能成就大事的。大多数人之所以不敢去争取这万分之一的机遇，主要是因为他们觉得希望太小，实现的可能性不大。也正是由于这样的想法，所以最后抓住机遇、获得成功的人往往都是少数。

社会当中，具有挑战机遇勇气的人，往往都是成功者。

印度尼西亚的中亚银行，可以算得上是目前印尼最大的一家民营银行，也是东南亚最大的银行之一。

这家银行的总裁是一位华裔，名字叫李文正。李文正的祖籍在福建，在四十多年之前，他凭借自己手中的两千美元，竟然奇迹般地打出了自己的一片天地。到现在，李文正已经拥有了5家银行，4家租赁公司以及近10家其他公司，成为印度尼西亚财经界的顶尖人物。

第二章 该出手时就出手，紧抓机遇不放松

在20世纪50年代中期，年轻的李文正从农村来到大城市雅加达，在一家自行车行找到了一份差事。他交往很广，之后也结识了不少的朋友。

1960年的一天晚上，当李文正熟悉的好朋友基麦克朗银行的负责人，来到李文正的住所登门拜访他，请求他想办法筹集和投资二十万美元，而且还希望能够再另外提供一笔资金用来经营。

可是根据当时的情况来看，基麦克朗银行起死回生的机会微乎其微，已经到了破产倒闭的边缘。而当时李文正手头上仅仅只有两千美元的存款，基麦克朗让李文正筹集二十万美元谈何容易。

但是李文正并不这么看待这个问题，他认为自己正好碰上了创业的重大机遇，所以决心一定不能轻易放弃。他经过一番慎重思考，当机立断，决定接受基麦克朗的请求。

李文正从来都没有受到过任何银行业务的培训，更不懂得如何去经营银行，但是他却想到了这一点：要使基麦克朗银行恢复生机，发展业务，就一定要使银行打进其他银行家根本不会想到的市场中去。

而李文正想象中的市场，就是自行车行业。当时在雅加达自行车行业中，业主大部分祖籍都是福建人。于是，他就通过自己的关系，找到很多祖籍是福建的自行车行业主，最后很快就筹集到了20万美元的资金。李文正也理所当然地成为这家银行的董事，并且拥有优先认购这家银行20%股份的权利。

李文正从这个时候开始就正式进入了银行界。在他刚开始的时候，遇到了很多的困难。当时的李文正还分不清资产负债表的左边和右边有什么不同。在第一天银行营业结束之后，当员工把资产负债表交给李文正签字的时候，他根本就看不懂。

可是李文正虚心学习，当天就请人为他补习会计知识，通过认真的学习，他慢慢熟悉了银行的所有业务。

也正是由于李文正的经营管理，在自行车行业树立起了很高的信誉，结果通过三年时间的经营，就让基麦克朗银行获得了巨额利润。

当李文正获得了首次成功之后，他更是信心十足，雄心勃勃，决心要扩大自己的事业。到了1963年，李文正接受了另外一家即将倒闭的银行——布安那银行。结果李文正通过对布安那银行的整顿，采取了精明的策略。

他安排布安那银行的主要服务对象是纺织、稻米、大豆以及玉米等农产品行业。不到几年的时间，布安那银行不仅被李文正抢救回来，而且也获得了巨大的成功。

从此以后，李文正的事业可以说是突飞猛进，发展迅速。到了1971年，他担任了泛印银行的执行总裁。仅仅是过了四年时间，他又经营了中亚银行。

当时的中亚银行与泛印银行相比，只不过是一家很小的银行，资产比泛印银行要低33倍，存款更是比泛印银行少100倍。

可是让人们没有想到的是，经过李文正近十年的苦心经营，中亚银行居然发展成为东南亚最大的银行之一，而在印度尼西亚私人银行当中则是名列榜首。

在机遇面前，很多人总是畏缩不前，其实主要原因就是因为害怕失败所带来的痛苦。李文正说："你应该登上一匹好马，去捕捉另一匹更好的马。"虽然说是机遇造就了李文正，但是，如果他没有这种"骑马"的勇气，那么也不会有今天的成就。

不会"骑马"的人总是会有这样的矛盾心理：既希望自己能够骑马，可是又怕自己从马上掉下来，就为了这个顾虑思前想后，犹豫不决，最后只能眼巴巴地看着马被别的人骑走，到头来落个后悔的下场。

12. 停止观望，才能抓住机遇

赢在三秒钟

在我们的人生当中，总是有着太多的偶然与必然，当自己面临选择的时候，你只要认定是对的，就不要犹豫不前，要勇敢地走上去抓住，也许你抓住的就是可以改变你一生的机遇。

假如有一天机遇光顾了你，你千万不要有任何疑虑，更不要采取停滞不前，观望的态度，让本来属于你的东西最后与你失之交臂，到时候你才会追悔莫及。你要克服对未知事物的恐惧感，勇敢地去追寻，才会抓牢机遇。

曾经有一位名人在一次访谈节目中提到了机遇，他回忆道：我对事物的最初认识仅仅是从孩童时期家门前的一棵苹果树开始的。

苹果树每年开花结果，每当苹果成熟时，我都会抬头望着，垂涎三尺，可我一直不敢爬上去，但是又实在难以摆脱那甜甜的诱惑。

当时我家的邻居是一个瘸子，父亲吓唬我说是他小时候爬苹果树摔的，所以我总怕遭到同样的厄运。

直到某一天，我忽然感到有一种突如其来的力量推动我爬上苹果树去摘取那熟透了的又大又红的苹果，我不再顾忌什么，毫不犹豫地达到了目的，第一次尝到了自己亲手摘的果实，从那以后，我总能如愿以偿地享受到这种带有一些挑战性的收获，而也就是这样，我才永远地结束了在树下观望的窘境。

这时我才明白，在成功的前后，是两种截然不同的境况。

之前，颓败落魄是事物的全部可能，而之后，委靡失败已没有任何可能。苹果树并不难上，难的是如何让自己摆脱那种对未知的恐惧心理。

每当苹果成熟的时候，我都会被父亲派作看管苹果树的哨兵，因为这关系着我们全家的部分口粮。而我很乐意看管苹果，因为我总可以爬上苹果树大饱口福，但也总有让我无端地心惊肉跳的时候。

如果这个时候天空中飞来一只鸟，那么我会目不转睛地盯着它，直到小鸟飞远，有的时候两眼发酸；如果听到路边有行人的脚步声，我都会竖起耳朵，睁着大眼，用心地听，仔细地看，直到行人走远；如果夜晚毫无先兆地来了一场暴风雨，我都会担心得无法入眠，都会为苹果树牵挂，为苹果不安，即使夜间熟睡后，也为此常常从梦中惊醒。

直到有一天，我一觉醒来发现满树的苹果全不见了，空空的枝头让我的心情特别失落，我甚至最后伤心地哭了。原来成熟的果实早已被父亲在夜间偷偷摘下，拿到镇上换回了口粮。

其实，早在苹果还没完全成熟的时候，我就已经品尝过它的青涩滋味，但是由于期盼着一份甘甜，就只好每天观望等待，希望苹果的青色能够一点点褪去，慢慢变成红色，然而，苹果成熟了，我却连摘的机会都失去了。

未成熟的苹果自然是青涩的，可是在观望等待之中，煮熟的鸭子往往也会飞掉，何况是苹果呢？

第三章
"变废为宝",主动创造机遇

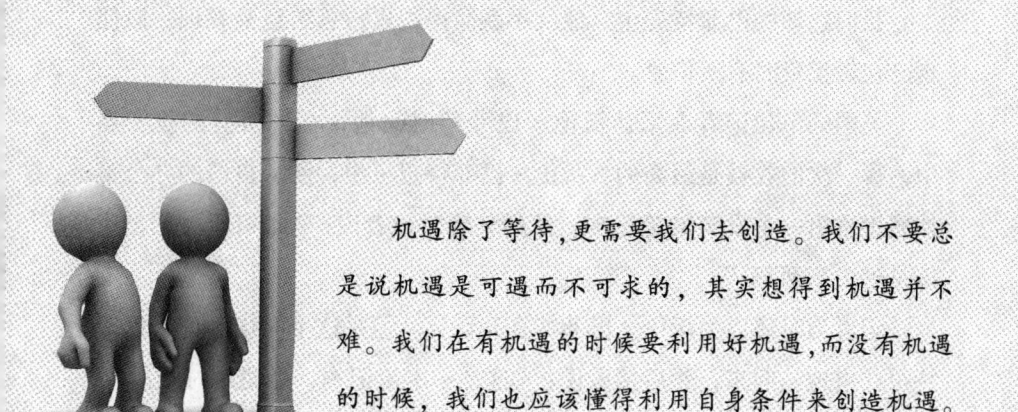

机遇除了等待,更需要我们去创造。我们不要总是说机遇是可遇而不可求的,其实想得到机遇并不难。我们在有机遇的时候要利用好机遇,而没有机遇的时候,我们也应该懂得利用自身条件来创造机遇。很多时候,机遇的到来是无法预测的,如果你只是盲目的等待,那么就将会虚度你的人生。

1. 日积月累，创造机遇

―――― 赢在三秒钟 ――――

任何事情都不可能一下子就创造出来，机遇也是，它需要我们日复一日，年复一年的积累。如果我们能够把每一次机遇都牢牢抓住了，那么我们就势必会由此改变一生。但是，如果我们没有抓住生活中的一些小机遇，这也并不是坏事，我们可以因此而获得经验教训，那么我们在以后的生活中就能够尽量避免再犯类似的错误。

如果你向来就是一个不注意细节，不在乎生活中的小积累的人，那么你改变人生的大机遇便会不属于你。

我们熟知的巴菲特先生，他从小就懂得积累，总结经验教训，以使自己在做投资时有所借鉴。

英国的一位记者在采访沃伦·巴菲特时问他，在他所有的投资当中，哪一次的收益是最高的。沃伦·巴菲特想了想，便从自己的办公桌抽屉里拿出一个发黄的笔记本，然后笑着对记者说："最有收益的，应该是这个东西吧。"

记者当时还以为沃伦·巴菲特在开玩笑。但是这个时候沃伦·巴菲特很严肃地站起来，然后接着说："这是一本笔记本，是我小时候用50美分买回来的。可是现在已经成为我一生中最宝贵的财富了。"

记者希望能够看一看笔记本里面的内容，巴菲特点头同意了。记者好奇地打开了那个笔记本，发现原来本子记录的是巴菲特从小到大生活

第三章 "变废为宝",主动创造机遇

当中的一些突然闪现的投资想法和他的一些生活和投资经历,后面还附有一些自己评论性的感受。

而其中的几段让记者看后赞叹不已。"今天,我看见了一本漫画书,我很想要,我让爸爸给我用一些零花钱去买,可是爸爸却让我自己想办法。"在这段话的后面还有这样一段简短的感受:"这是我第一次拿自己挣的钱买的东西,我很高兴,也很自豪。"

"今天,终于以每股5美元的价格把这些股票赢利转手了,买的时候爸爸就不看好,可我还是决定买了,虽然中途跌了,但是现在我却发现知道坚持是对的。"这是巴菲特在自己11岁时写的,在当时,恐怕同龄的孩子还在读报上的体育新闻或者玩一些游戏。后面有这样一段感受:"我懂得了要学会自己做决定,并且要对自己有自信,还要有耐心。"

"今天,我失败了。"12岁的巴菲特再次去购买股票,结果价格是一路狂跌,很长时间都一直在低价上徘徊。在这次遭受到挫折以后,他在本子上写道:"不熟悉的地方不要轻易涉足,因为光线昏暗很容易跌倒;明亮的道路也不需要再去了,因为那里太挤。"

"今天,我不仅送完了500份报纸,还找到了一条近路,可以帮我节约很多时间,最值得开心的是,我向客户推销出去了16份杂志。"后面随即写道:"我发现,有时,仅靠努力是远远不够的,还一定要学会运用智慧,并且要有一个积极向上的心态。"

"今天,我和伙伴联手在理发店安装了一个弹球机,这项业务可以让我们每周挣50美元。"这一年沃伦·巴菲特才15岁。他后面写的感悟是:"我可以做得更好!"

"今天,我们以1200美元的价格把弹球机卖了,然后,我们又跟人合作买了一辆劳斯莱斯,以每天35美元的价格出租。"这年他17岁。感悟是:"开始创业时,一个人的力量是弱小的,我们需要一个伙伴。"

"今天我又失败了，但是我明白了，要做好一件事，仅仅了解它、学习它还不够，还得去实践。实践的过程可能会遭受不少失败，但是总会掌握一些规律，让我吸取教训，总结经验。"

记者一直专心致志地看着巴菲特的笔记本，而巴菲特平静地笑笑说："是的，这 50 美分的投入已经为我所创造的物质财富是不能估价的，而且它本身还在随着时间而不断地增值，所以，我认为它是最成功的一次投资。"

如果你一直都认为每天记录这些零碎的事情可能毫无意义，那么，财富和成功便永远不会青睐你。

在这个世界上，有很多东西都是无价的，我们能够拥有且对我们有巨大帮助的就是记录下自己的脚印，让这些脚印告诉我们，以后的路该怎么去走。也只有这样，我们才能够创造出让我们的人生目标得以实现的机遇。

2. 机遇埋在创新的"沙滩"中

------- 赢在三秒钟 -------

我们每一个人生来具有巨大的创新潜质，如何才能最好地挖掘这种潜质是我们走向成功的关键。一个良好的环境，丰富的生活经历能充分调动我们每一个人的激情，启动联想，发展想象，对每个人创新能力的培养有着独特的效果，这更是实现创新能力培养的有效途径。

进行创新并不是一件非常难的事情，只要我们能够改变过去的一些

第三章 "变废为宝",主动创造机遇

固有模式,推出一种令人耳目一新的、之前没有过的东西,这就是创新。

其实所有的新思想,归根到底都是对旧思想一定程度上的借鉴,有的甚至是在旧思想的基础上增添一些新的东西,或者是把它们结合起来进行修改而变成的新思想。

就拿我们非常熟悉的麦当劳来说,它的"产品"其实并没有发明什么新的东西,而且它所生产的"产品"也许在以前任何一家普普通通的小餐馆都可以制作,但是麦当劳连锁店的创始人克罗克却巧妙地运用了文化概念和管理技术,使这些所谓的"产品"有了一个统一的标准,而且还设计出生产的流程和加工工具,制定了各个阶段详细的工作标准,这样就大大提高了资源的使用效率,并以"质量、清洁、服务和价值"这样一丝不苟的企业文化准则和经营观念,开始不断进行市场的开拓,接纳和吸收了越来越多的新顾客,这其实就是创新精神。

当然我们要做一件事情,如果你是偶然做好的,人们只会说你非常幸运;但是如果你是有计划、有步骤完成的,人们便会说你具有创新意识,有创造性。

曾经有一家建筑公司在为一栋新楼安装电线的时候,他们的做法更是堪称有创新性。

在一个地方,他们要把电线穿过一根 20 多米长,但是直径只有 3 厘米的管道,而且这个管道还被砌在砖石里,并且在里面还弯了 6 个弯。这一下子可为难死他们了。在刚开始的时候,他们感到束手无策,很明显,用一般的常规方法是根本不可能完成任务的。

最后,一位平时爱动脑筋的装修工想出了一个非常新颖的主意:他当时到市场上买来了两只白老鼠,一只公的,一只母的。然后,他把一根线绑在公老鼠的身上,并把母老鼠放在管子的另一端,并轻轻地捏它,让它发出吱吱的叫声。当管子那头的公老鼠听到母老鼠的叫声以后，就开始沿着管子跑去找它。而当它沿着管子跑的时候，它身后的那根线也就被拖着往管子另一头跑。这样以来，工人们就很容易地把那根线的一端和电线连在一起。于是，穿电线的难题就这样被顺利解决了。

或许你现在已经发现自己在这之前根本就没往这方面想过，更没有注意过，你现在可能决定试图做出改变，但是，你刚开始的时候肯定是不知道该如何下手的。为此，一位著名的心理学家给我们提供了一些具体的途径和办法。

第一，自己努力去选择并勇敢地尝试一些新的事物，哪怕你是一个非常守旧的人。

比如我们可以尽力去结识一些新的朋友，让自己多置身于一些新的环境中，多去尝试一些新的工作，还可以邀请一些与你的观点不同、性格不太一样的朋友到家里来做客。当然，你还可以多和你不是非常熟悉的客人交谈，而少和你熟悉的朋友交谈，这样有助你思维的开拓。

第二，不要再绞尽脑汁、费尽心思去为你所做的每一件事找任何借口。

当别人问你这件事情你为什么要这么做，不那样做的时候，你并不一定非要说出一个让别人感到可信的理由，从而让别人感到满意。其实，我们好好想想就会发现，决定做任何事情的理由都很简单，就是因为你自己想这样去做。

第三，敢于冒点风险，因为冒险可以让你摆脱这种日复一日的单调生活。

比如说你上班的时候，不一定非得要乘坐同一种交通工具；还有就是每天早餐不一定总是吃同样的东西等。

不管怎样，请你一定要记住，不要轻易接受一般人所认为的事情是不可能被改变的这样的看法，因为在你自己没有亲自去尝试之前，不要轻易地说出不可能。

第三章 "变废为宝"，主动创造机遇

当然，如果你去尝试了，并且是以一种坚韧的态度来面对困难和挫折的，那么你将有可能成功，而且你的成功往往是发生在一些你根本没有想到的事情上。

3. 人无我有，人有我优

------ 赢在三秒钟 ------

抓住机遇就意味着成功，但是，创造机遇并不是一蹴而就的事情，它需要人们以百倍的勇气和耐心在艰难崎岖的道路上慢慢探索；机遇往往存在于险峰之间，它只钟情于那些不畏艰难困苦的人。

如果把人分为四等的话，那么，第一等人是创造机会的人；第二等人是掌握机会的人；第三等人是等待机会的人；第四等人是错失机会的人。

一个人这辈子最大的遗憾就是和机遇擦肩而过，而你却一无所获；人生最大的惊喜就是机遇迎面扑来，而你紧紧抓住机遇，获得成功。

美国机遇学大师卡尔·彼特说："抓到机遇抓到命，摸到机遇摸到金。凡是机遇并不是明明白白地展现在你的面前，需要你用智慧的大脑去破译。"

在现实生活中，为什么有的人能够抓住机遇，一步步走向成功，而有的人却始终与机遇擦肩而过，无缘呢？这其实非常值得我们每一个人去深思、去反省。

可以说，机遇并不是对任何人都"平等"的，它只喜爱那些不断

· 63 ·

地去把握、去寻找、去挖掘、去创造它的人，或者说机遇是偏爱与垂青那些有准备的人。

而机遇的这一特性就要求我们要克服安于现状的心态，摆脱惰性，不断地充实自己，随时注意身边的一切，因为机会可能在任何时刻都出现在我们的身边。当然，除了做好迎接机遇的准备之外，我们还应该学会辨别和选择机遇的能力。因为机遇的到来总是会有不同的形态的，有的时候可能忽然而至，而有的时候可能会悄悄地到来，有的时候机遇会与你捉迷藏，它藏于其他事物之中，而有的时候又独自潜伏在你身边，这一切都需要人们在反省之中懂得如何去识别、选择、寻找与挖掘机遇。

我们从许多成功人士的身上可以看出，他们成功的秘诀就在于，拥有敏锐的目光、孜孜以求、善于寻找和开掘。所以，人们要想很好地捕捉机遇，就必须要具备一种"吾将上下而求索"的追求精神和心理素质。只有这样，才能让机遇与自己靠得更近。

在对机遇的捕捉中，我们还要注重"创造"二字，古人云："智者顺时而谋，愚者逆理而动；弱者坐待时机，强者创造时机。"聪明人创造的机会往往比他等待和遇到的机遇要多得多，因为创造比等待更加重要。

弗雷德克在自己少年时期就梦想以后能够成为一名成功的商人，但是由于没有什么太好的机遇，所以他的心中也时常因为着急而感到焦躁不安。

一个很偶然的机会，他发现如果将冰块加入水中，或者化为水，就可以成为冷饮。而且他还观察到人们在一般情况下只有在酒店或者是热饮店里才能够喝到饮料或酒。

但是到了夏天天气炎热的时候，这些酒店生意都不太好，店主也为之烦恼不已。于是，他立即敏锐地发现如果在气候炎热的夏季，人们能

第三章 "变废为宝"，主动创造机遇

喝上冰凉的冷饮该是多么舒心的事情啊。

弗雷德克由此看到了一个潜在的商机。于是，他开始不断地试验创造消费。他试着利用冰块做各种各样的冷饮，并将冰块加入各种饮料中调出各种口味的饮品。经过反复试验，他终于试制出适合于多数人饮用的冷饮。

因为这些冷饮在炎热的夏天有解暑降温的作用，而且经过冰镇过的各种液体又会变得十分可口，这些饮品便立即在各个地方，特别是那些气温高而又缺水的地区率先风靡起来。一时间，冷饮蔚然成风，并逐渐在全国各地广泛流行。

而且由于冷饮的流行也大大地带动了冰块的销售，一切都如弗雷德克所预料的那样，冰块的销售业务得到了巨大的发展，并为他带来了巨大的财富。

弗雷德克之所以能够成功，首先就是因为他是一个勤奋的人，他能在想到冰块带来商机的同时，一次又一次地去验证自己想法的正确性。而这种动力的真正原因就在于他相信自己的判断，也不想错过这个机会。假如弗雷德克不能很好地把握这个机遇，可能最后就会被别人抢占了先机。

在这个世界上，许多事业有成的人，他不一定比你聪明，而仅仅是因为他比你更懂得如何去创造机遇。

美国著名的成功学大师安东尼·罗宾认为，成功往往取决于一系列的决定。成功的人能迅速地做出决定，而且不会随意进行改变；可是失败的人在作出一项决定的时候往往很慢，而且经常变更决定的内容。其实，决定对于成功来说就仿佛是一股无形的力量，在你人生的每一个时刻导引你的思想、行动和感受。

4. 在空白处抓住机遇

━━━━━━ 赢在三秒钟 ━━━━━━

市场是不会停止的,时刻都处于一种动态的变化中,所以没有一件完美的产品,产品永远都是会有空缺的,而开发潜在的市场,选择适当的市场就是非常重要的了。

对于每一位商人来说,商机就意味着利润的来源。只要抓住商机,便可赢得财富,反之,可能就无法在商界立足。

出色的商人往往具有很敏感的商业头脑,他们行事果断,识别、捕捉商机的能力很强。一旦他们在市场当中发现商机,便毫不犹豫,立即出手,将商机转化为自己的利润资本。

但是有句俗话说"商场如战场",商人能不能及时洞察市场的需求变化,准确捕捉到市场的信息,并且根据自己所得到的信息及时调整经营方式?以及产品本身,这些都是非常重要的,都将决定着商人是否能够在市场中占据优势,掌握主动权。

广州著名的时装设计公司,正是由于及时了解了消费者的需求变化,不断推出新的产品,最后发展成为一家服装行业的新秀。

这家公司在经营上的最大特点就是"更新快"。也就是说这家公司的服装款式、面料的更新速度都是以季度,有的时候甚至是以月、以日来计算的。

他们采用的是"排炮战术",也就是公司每设计出一种新款服装,

第三章 "变废为宝",主动创造机遇

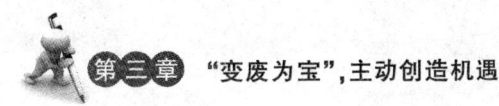

必先放一排"排头炮",目的就是为了先把这些新款投入到市场中进行一下检测,看看新款的市场需求状况,再根据第一炮的"轰击效果",决定第二批、第三批这款服装的投放量。

他们利用每一期产品的"轰击"效应,来打造品牌。消费者的需求是不断变化的,而产品也是不断推陈出新的,结果创造了许多很好的品牌和消费者效应。

除此之外,大名鼎鼎的阿里巴巴网站创办人马云,他没有世界一流高校的学历,也没有一流企业的从业背景。

可是我们谁又能想到,就是这样一位传奇人物,他所创立的阿里巴巴网站不仅已经有中文简体、中文繁体、英文站点,还有日文、韩文及德文等多种欧洲语言的当地站点,共拥有来自202个国家的42万个商人会员。

我们分析马云的成功,发现其中一个非常重要的原因就是他善于寻找,而且敢于抓住市场的空缺,从空白处寻找机遇。

记得当时还是在1994年年底,有人跟马云讲互联网,当时他还似懂非懂。1995年,马云给浙江省的一个企业做翻译,有幸来到美国,这时候的他才发现互联网的妙处。

当时马云就敏锐地感觉到互联网肯定会影响整个世界,可是那时中国还没有,虽然马云自己也不确认未来互联网在中国的发展会如何,但是他决定抓住这个市场空缺,拼一把。

于是,马云就作出了惊人的决定,他辞掉了当时在外经贸部的工作,重新回到了杭州开始创业。

1995年4月,这是一个值得纪念的日子,马云创办了"中国黄页",这是国内第一家网上中文商业信息站点。

在那个时候,中国人的眼中还不了解互联网是个什么东西,而懂得互联网制作的人更是少之又少。

就这样，在两年多的时间里，马云就赚到了人生第一桶金，当然也闯出了自己的名气。

到了1997年年底，马云决定去北京发展。他带着"中国黄页"的几个新人，从杭州来到北京。

马云一行首先加盟到了外经贸部中国国际电子商务中心，运作该中心所属国富通信息技术发展有限公司。结果在不到一年的时间内，他们开发了外经贸部官方站点、网上中国商品交易市场、网上中国技术出口交易会、中国招商、网上广交会和中国外经贸等一系列站点。

1999年2月，马云到新加坡参加亚洲电子商务大会，发现讨论的是亚洲电子商务，但发言的大多是美国人，他突然蹦出一个想法，欧美的电子商务市场是针对大企业的，而亚洲电子商务市场主要在中小型企业。马云决定创办一种中国没有、美国也找不到的模式。

当然，为了达到这个目标，他的团队在没有办公室的条件下，就在马云家办公，而马云也会把自己关在房间里，埋头苦干。

当时员工住的地方不能离马云家超过5分钟路程，每天深夜回家睡几个小时马上又开始工作，而所购买的办公用品要砍价到对方毫无利润的地步，然后自己拉回公司。

就是在这样的艰苦条件下，阿里巴巴诞生了。阿里巴巴一开始就表现出了与美国成功的电子商务网站都不同，着眼于中小企业网上交易，获得了巨大成功。

这一切的成功，不得不说与马云的努力是分不开的，正是由于马云敢于尝试，从空白处抓住机遇，才能够让阿里巴巴发展起来。

其实，机遇就在我们身边，甚至在我们常常不太留意的地方，只要我们仔细观察，敢于尝试，那么就一定能够在别人不敢触碰的领域发现新的机遇，获得巨大的成功。

第三章 "变废为宝",主动创造机遇

5. "不可能"的下一步是"可能"

赢在三秒钟

有的时候我们常常嘲笑那些为了不可能实现的梦想而痴心奋斗的人,笑他们是多么的愚蠢和不明智,可是我们反过来想想,因为目标遥远,看似不可能实现而选择放弃的我们,难道就是明智的吗?

机会要靠自己去争取,命运更需要我们自己来把握。尽管在某些情况下,你可能是一个弱者,但只要你坚持不懈地努力拼搏,那么肯定就会争取到一次难能可贵的机会,只要你拥有了机会,你就离成功不远了。

有一年圣诞节前夕,有一个美国青年想去纽约,他的妻子便去车站给他订票。可是,当时车票都已经售完了,没有办法妻子只好无奈地回家了,对他说:"很抱歉没能买到票,我曾问过售票员,她说只有万分之一的机会有人临时退票。"

他听完妻子的话后,就立刻开始收拾行装准备出发。面对妻子不解的目光,他说:"我想去碰一碰运气,如果没有人退票的话,那就当我是提着行李去车站散步了。"

于是他来到车站,开始了等待。在开车前的10分钟,终于有一位女士因为自己的孩子生病住院了,所以不能出行,而这个年轻人因此买到了退票,踏上了开往纽约的火车。

等他到了纽约之后给自己的妻子打电话说:"我之所以成功,就是因为我抓住了万分之一的机会。可能我在很多人眼中都被看成是笨蛋，但正是这个笨蛋抓住了机会，其实这正是我与众不同的地方。"

而这个美国青年就是甘布尔，他凭着这一信念抓住生命中每一个看似渺茫的机会，最后终于成为美国百货业的巨子。

在有的时候，我们正是因为缺少这种等待机会的勇气和耐心，因为我们不明白只有等待才会有希望。

虽然大多数情况下等待的结果往往会让我们失望，但是只要你能够以一种豁达的心态去对待失望，你便会从失败中获得平和的心境，从而重新鼓起勇气。

你就可以像甘布尔一样，把失败说成是提着行李去车站散步，这真是一种值得我们学习的积极心态。假如甘布尔在失败之后总是去抱怨命运，不再去争取生命中许许多多万分之一的机会，那么他是根本不可能获得事业上的成功的。

其实，在更多的情况下，我们所缺少的就是为万分之一的机会而去拼搏的信心。因为我们总觉得万分之一的机会太渺小了，结果就选择了放弃。

成功绝对不是偶然的，虽然有的时候看起来是那么的简单，但是在我们没有注意到的地方，获得成功的人一定是付出了自己艰辛的努力的。所以，我们在太多的时候只知道去羡慕别人的成功，却很少去想一下别人为了今天的成功作出了怎样的努力？

很早之前有一个女孩子非常喜欢足球，一次偶然的机会，她被父亲送到了体校学习踢足球。

在体校的所有女孩当中，她并不是出类拔萃的球员，因为在之前她根本就没有受过规范的训练，踢球的动作、感觉都比不上其他的队友。

为此，女孩每次上场训练踢球的时候就常常被队友们嘲笑，说她是"野路子"球员，很长一段时间，女孩情绪都很低落。

第三章 "变废为宝",主动创造机遇

在学校里,每个队员踢足球的目标就是希望自己早日进入职业队打上主力。而这个时候,职业队也会经常去体校挑选后备力量。每次职业队来学校选人的时候,女孩都卖力地踢球,可是等到终场哨响起,女孩总是没有被选中,而她身边的很多队友已经陆续进入了职业队,那些没有选中的队友,有的已经悄悄离开了学校。

于是,这位平时训练很刻苦认真的女孩就去找一直以来对她赞赏有加的教练,教练总是很委婉地说:"名额不够,下一次就是你。"每次听到这句话,天真的女孩就感觉自己看到了希望,树立了信心,又努力地接着踢了下去。

可是一年时间都过去了,女孩还是没有被选上,她实在没有信心再练下去,她开始变得自暴自弃,她总是觉得自己虽然在场上的意识不错,但是由于身高不高,又是半路出家,再加上每次选人时,她都迫切希望被选中,所以上场之后就表现得很紧张,导致平时训练水平发挥不出来。

女孩这个时候对自己在足球道路上的前途感到非常迷茫,于是就有了离开体校、放弃踢球的打算。

结果有一天,她没有参加训练,找到了自己的教练,并且对教练说:"看来我真的不适合踢球了,我想读书,想考大学。"当时教练见女孩的去意已定,也没有怎么劝说她,而是默默地看着她。

然而,让女孩子没有想到的是,就在第二天,她却收到了职业队的录取通知书。她激动不已地立即前去报到。

其实,在女孩的骨子里她还是喜欢着足球,女孩捧着录取通知书很高兴地跑去找教练了,她发现教练的眼中同她一样闪烁着喜悦的光芒。教练这次开口说话了:"孩子,以前我总说下一次就是你,其实我是骗你的,我是不想打击你的自信心,我是希望你一直努力下去啊!"当女孩子听完之后一下子什么都明白了。

这个女孩进入职业队之后，受到了良好的系统实战训练，很快就脱颖而出了，她就是获得20世纪世界最佳女子足球运动员孙雯。

后来，每当孙雯讲述自己这段往事的时候，总会感慨地说："一个人在人生低谷中徘徊，感觉自己支持不下去的时候，其实就是黎明的前夜，只要你坚持一下，再坚持一下，前面肯定是一道亮丽的彩虹。"

"下一次就是你"，这不仅给了人们希望，也告诉我们自身可能还存在着不足，仍需努力付出。可见只有不断充实自己，完善自己，在逆境中绝不放弃，那么，下一个成功的可能真的就是你。

6. 打破常规思维，赢得机遇

赢在三秒钟

当我们仔细观察，会发现凡是世界上有重大建树的人，取得最大成就的人，在他们攀登成功高峰的道路上，都会灵活地进行思考，并能够将别人看起来"不切实际"的想法付诸实践，最后获得成功。

不管在任何时候，我们千万不要小看了一些不切合实际的想法，它们可能就是你创造机会的"法宝"。

在1916年，少校卢克纳尔曾经对德皇威廉二世说道："陛下，您给我一条帆船让我们出海一战吧，我肯定能够把敌人打得灵魂出窍。"当时此话一出，在场的所有人都非常惊诧。

如果这句话放在中世纪，这样敢于挑战大不列颠的军官表面看起来是有一些鲁莽，但是至少也能够体现出他的英勇。可是这个时候，时间

第三章 "变废为宝",主动创造机遇

已经到了 20 世纪,可以说帆船早就已经成为一种古董,是根本不可能作为战船来使用的。

卢克纳尔这个人,从小就富有反叛精神,胆大心细,善于别出心裁,想别人不敢想,做别人不敢做的事情。

对于威廉二世以及在场人的惊讶态度,卢克纳尔向大家解释道:"我们海军的军官们认为我是在发疯,既然我们自己的人都认为这样的计划可以说是天方夜谭,那么,敌人一定更不会想到我们会这么做的,所以说,我认为我可以成功地用古老的帆船给敌人一个沉痛的教训。"

当我们看完这段话之后,就会发现,其实这段话充分体现了卢克纳尔独特的思维,我们试想,如果他是一个受过正统军事教育的军官,真的是很难想出这样的大胆主意的。而这就充分体现了卢克纳尔的独特个性,这样的奇思妙想让他显得与众不同,当然也正是因为这样冒险的想法最后才成就了他的辉煌,也成就了他人生的一次飞跃。

就这样,威廉二世被卢克纳尔说动了,他同意了卢克纳尔的计划,让卢克纳尔用一条帆船去袭击英国人的海上航线。

卢克纳尔经过千辛万苦终于找到了一条被废弃的老船,并且给它取名"海鹰号"。在他亲自设计监督下,开始这艘船古怪的改造工程。

1916 年 12 月 24 日平安夜,"海鹰号"出击了,没想到非常顺利地就突破了英国海上封锁线,抵达了冰岛水域,大西洋航线已经在望。结果,正在卢克纳尔高兴的时候,没有想到"海鹰号"和英国的"复仇号"却狭路相逢了。

"复仇号"是一艘现代的大型军舰,而"海鹰号"的火力只有两门 107 毫米炮,更何况还是一艘帆船,很显然硬拼是不行的。

于是卢克纳尔灵机一动,主动迎上去让他们检查,"复仇号"上的检查员见是一条帆船,看也不看,就放过了这艘暗藏杀机的帆船。

1917 年 1 月 9 日这一天,"海鹰号"到达了英国的海域,之后在卢

克纳尔的指挥下,"海鹰号"突然发起攻击,全歼了英国的船只,结果获得了巨大的胜利。

正是由于卢克纳尔这种不切实际的想法才最后为他赢得了胜利,也正是因为这种不切实际的做法让敌人没有想到,不够重视,一直处于轻敌状态,才使"海鹰号"能够轻而易举地进入敌方的腹地,一举消灭敌人,获得战争的胜利。

在战场上,需要我们有胆识,而在如今竞争激烈的社会中,我们更需要具备这种品质,只有这样才能够在竞争中胜人一筹。

世界上的第一辆踏板式摩托车的发明者李书福的成功就很好地诠释了这一内涵。

有人曾说过,如果没有像吉利创始人李书福和他领导下的吉利人那样的一大批中国汽车人,那么对于中国普通家庭来说,汽车消费也许会推迟十多年。

而之所以能占据中国汽车领域的领军地位,李书福的突发奇想是起了决定性的作用的,正因为他的这种超乎常人的想法,才让世界上的第一辆踏板式的摩托车得以诞生,从而开启了摩托车行业的新纪元。

在1993年,李书福去某一个大型国有摩托车企业参观考察,当时他发现摩托车产销的势头都很旺,于是他抓住机会,向这家国有企业的老总提出为他们做车轮钢圈配件的请求。

对方一听,笑道:"这种高技术含量的配件怎么是你们这种民营小工厂能够完成的呢?"

不服输的李书福憋着一肚子气回到公司,于是他大胆提出了要自己制造摩托车整车的构想。可是当时,周围一片反对声,就连他的亲兄弟都笑他自不量力。"

但是,内心坚定的李书福,面对一片反对声,并没有放弃这种大胆的想法。

第三章 "变废为宝",主动创造机遇

李书福只用了7个月的时间,就研发出中国同行一直没有解决的摩托车覆盖件模具,并率先研制成功四冲程踏板式发动机。

接着,他又与行业龙头嘉陵强强联合,生产"嘉吉"牌摩托车,不到一年又开发出中国第一辆豪华型踏板式摩托车,而且这种摩托车很快就替代了日本和中国台湾的同类摩托车,不仅一直占据国内踏板车销量龙头地位,还出口美国、意大利等32个国家和地区。

到了1999年,吉利摩托车产销43万辆,实现产值15亿元,吉利集团也因此赢得了"踏板摩托车王国"的美誉。

其实,卢克纳尔、李书福的成功就在于他们敢想、敢做,从而开辟了一条通往成功的康庄大道。

7. 懒于思考的人与机遇是冤家

赢在三秒钟

对于懒惰的人来说,即使是千载难逢的好机会也毫无用处,可是对于勤奋的人,那些即使是最平常的机会,他们也能够把这种平常的机会变为千载难逢的好机会。

机遇到底在哪儿呢?我们生活中的很多人不善于培养自己发现眼前机遇的能力,而且也不善于动脑筋进行思考,总是以为机遇离自己还非常遥远。

凡是成就大事的人都是有心的人,善于思考的人,他们习惯发现眼前的机遇,因为机遇是不会主动来找你的。

著名的美国犹太实业家、政治家和哲人伯纳德·巴鲁克,在自己20多岁的时候就已经成为人人皆知的百万富翁。而与此同时,伯纳德·巴鲁克在政坛上也是鹏程万里,扶摇直上,可以说是获得了事业和权力的双丰收。

后来,伯纳德·巴鲁克又被总统威尔逊任命为国防委员会顾问及原材料、矿物和金属管理委员会主席。时隔不久又被政府任命为军火工业委员会主席。

1946年,伯纳德·巴鲁克的政绩又跃上了一个新的台阶,他非常有幸成为美国驻联合国原子能委员会的代表,而这个时候的伯纳德·巴鲁克已经70多岁了,可见70岁高龄的伯纳德·巴鲁克真的是依旧雄风不减。

在早些年,伯纳德·巴鲁克曾经提出过要建立一个以控制原子能的使用和检查所有原子能设施的国际权威的著名计划——"巴鲁克计划",而这也是国防原子能机构的雏形。

在创业初期,伯纳德·巴鲁克也是历尽千辛万苦,正是因为他拥有一双善于发现事物之间关系的眼睛,和一个善于思考的头脑,才让他在别人看起来是风马牛不相及的事情,伯纳德·巴鲁克却发现它们之间存在的联系,从这种联系中找到属于自己的发财机遇,最后一夜暴富。

在伯纳德·巴鲁克28岁那年,7月3日晚上,他从家中的广播里忽然听到一个消息:联邦政府的海军在圣地亚哥消灭了西班牙舰队,这也就意味着持续了很长时间的美西战争即将告一段落。

而这天正好是星期天,第二天,也就是7月4日,星期一。在当时,证券交易所在星期一是不营业的,但是私人的交易所则会照常工作。伯纳德·巴鲁克马上意识到这是一个千载难逢的发财机会,如果他能在黎明前赶到自己的办公室并大把吃进股票,那么就能大赚一笔。

然而在 19 世纪末，唯一能够跑长途的交通工具就是火车，但是当时火车晚上已经停止运行了。为了能够把握这稍纵即逝的机遇，伯纳德·巴鲁克可以说是花费了天价在火车站个人承包了一列专车，火速赶到自己的办公室，黎明前做了几笔让人羡慕的生意。结果星期一的上午，他的股票价格一下子就翻了几十倍。

机遇就好像是天赋一样，它只给我们提供一个机缘、一个条件、一种可能，而最后，有希望成功的人，并不是才华出众的人，而是善于通过自己的思考，把握住、利用好每一次机会的人。人生活在世上有没有双手并不重要，重要的是拥有一颗善于思考的头脑。

8. 突破规则，转变方法

------- 赢在三秒钟 -------

如果你经常观察小孩子玩游戏，或者亲自和孩子们玩游戏，你就会发现，小孩子玩游戏的时候，总是喜欢改变游戏规则、界线、角色和游戏方式等。他们往往花在改变游戏的时间要比实际进行游戏的时间还多。因为大多数的小孩都不喜欢受人限制，不喜欢千篇一律，喜欢不停地创新，再创新。

成功者之所以能够成功，是因为他们善于打破常规，创造新的方法，从而让自己的命运完全改观。当许多人说"不"的时候，也许在他们眼中改变的时机已经到了。

研究行销管理的专家们曾经提出过一个观点：竞争会造成限制。意思是说，传统上一般人们总是习惯用"硬碰硬"的方式与人正面竞争，但是这种短兵相接的方式并不见得是一种最为有效的制胜之道，有的时候反而会限制你的成功。因为当你正面去竞争的时候，等于你已经完全认同了这个游戏，而且愿意遵守某些固有的规则与观念，你的思想就会被限制，从而阻碍你发挥出自己的创造力。

可能现实中，绝大多数人都认为遵守既定规则是非常重要的事情。如果人人都想打破规矩，那岂不是天下大乱吗？可是，行销管理专家强调这只是一种鼓励突破思考的方法，让你能够更准确、有效地达到目标。换句话说，"要打破的是规则，而不是法律"。

一般情况下，具有突破性思维的人，他们总是和那些保守的人格格不入，他们喜欢对每件事都产生怀疑，不喜欢墨守成规，这其实也就是人们说的"最具突破思考力的是小孩子"的原因。

专门从事运动心理学研究的美国斯坦福大学教授罗伯特·克利杰在他的书中指出："在运动场上，很多运动选手创造的佳绩，都是因为打破了传统的比赛方法。"杰出的运动选手普遍具有这种"改变游戏规则"的特征。

罗伯特·克利杰的结论指出：突破思考是一种心态，可以鼓励人们不断地学习，不停地创造。所以，如果你想改变习惯，尝试一种全新的挑战，那就突破规则，改变游戏方法吧！

所谓改变游戏规则，其实就是掌握主动权。我们要改变规则不难，关键是看自己有没有改变的决心。

一般的人，对于自己还没有把握的事情总是会产生怀疑或者犹豫，所以说人最大的敌人是自己。通常情况下，你决定"变"还是"不变"的标准就是：如果你从以前的经验中找不到任何成功的例子，你可能就不会改变了。但是你要明白，只有敢于尝试，才能够获得成功。

当然，对于是否改变，还有一个规则：如果大多数人说"不"，那

第三章 "变废为宝",主动创造机遇

么你反而应该去改变。在 1993 年美国大选中,克林顿曾经说过一句话:"我们要改变游戏规则……"而布什总统却说:"我有丰富的经验!"也许布什最后的落败中一个重要的原因就是输在"往后看",而不是"向前看"。

很多人总是在遭遇到大的危机时才想到要改变,但是这个时候已经太晚了,应该未雨绸缪才是,在最好的时候,最得意的时候,就要考虑改变。

我们人有一个最可怕的心态就是习惯于某一种固定的模式,很多人可能都会这样认为:"我过去做得很好啊!为什么要改变?"很多人丝毫没有发现,其实自己的失败也正是从这个时候才开始的。

你应该相信一件事,当愈多的人说"不"的时候,就是必须改变的时候。因为,绝大多数的人并没有预见未来,他们只相信现在看到的,认为现在已经做得很好了。而过去的成就只需留下脚印,而不是让你感到自满。如果你想改变,却遇到阻力,别人不相信你,最好的方法就是做给他看。

不是有句话说得好吗,"最大的风险是不敢冒险,最大的错误是不敢犯错。"大多数的人之所以不敢冒险,也不敢犯错,就是因为他们只相信看得见的事。那些他们还没看见的事,他们总是习惯用经验去分析,而经验往往告诉他们的就是不要轻举妄动。

而那些成功的人就不一样了,他们喜欢"做梦",而且不怕尝试错误。他们相信,心中的梦是支撑他们勇往直前的力量,是积累成功的资本。

因为有了梦想,我们就会对失败能够比较乐观地进行看待。而且,有了梦想,才能够最大限度地激发我们的潜力。

人的潜力,很多时候是被后天的环境框住了。因为我们都知道很多规则是我们自己定的,结果这些规则反而又束缚了我们的创造力。

可见，做任何事不能没有规则，但是如果过于因循守旧、墨守成规也是不行的。我们唯有在适当之时，善于改变规则，进行突破，方可成功。

9. 从麻烦中开创机遇

赢在三秒钟

俗话说，"人生不如意事十之八九。"人生是不会一切尽如人意的，当你想做一件事情的时候，首先要面对的就是摆在你面前的各种各样的麻烦，不要因为麻烦太多就选择放弃，因为放弃就意味着没有机会，只有在麻烦中不断锻炼自己，从而让自己在麻烦中获得成长与发展。

聪明的人总是善于从麻烦中发现机遇和创造机遇。其实，当你能够从麻烦中发现机遇的时候，也就意味着你成功了。

机遇从来都不是别人赏赐的，而是自己去创造的。

1984年以前的奥运会主办国，几乎都是被"指定"的。对举办国而言，可以说是喜忧参半。因为能举办奥运会，自然是国家民族的一大荣誉，也可以借举办的机会宣传本国形象，但是奥运场馆的建设的巨大投入，又成为主办国最主要的财政负担。

1976年加拿大主办蒙特利尔奥运会，亏损了10亿美元，而专家预计这一巨额债务要用27年的时间才能够还清；1980年，苏联莫斯科奥运会总支出达90亿美元，具体债务更是一个天文数字。

最后，直到1984年的洛杉矶奥运会，美国商界奇才尤伯罗斯才改

第三章 "变废为宝",主动创造机遇

写了举办奥运必亏的历史。尤伯罗斯不仅第一次创下了奥运史上的巨额赢利纪录,而且更重要的是建立了一套"奥运经济学"模式,为以后的主办城市如何运作提供了参考。

当时鉴于其他国家举办奥运的亏损情况,洛杉矶市政府在得到主办权后即做出一项史无前例的决议,就是在第23届奥运会举办过程中,不动用任何公用基金,这也开创了民办奥运会的先河。

尤伯罗斯在接手奥运之后,发现组委会还不如一家皮包公司,没有秘书、没有电话、没有办公室,甚至连一个账号都没有,可以说一切都要从头开始。

于是尤伯罗斯决定破釜沉舟,他以1060万美元的价格将自己的旅游公司股份全部卖掉,开始招募雇用工作人员,把奥运会变成商业化,进行了市场化的运作。

因为尤伯罗斯认为,自1932年洛杉矶奥运会以来,规模大、虚浮、奢华和浪费已经成为一种时尚。可是他决定用尽一切办法来节省不必要的开支。

首先,他本人以身作则不领薪水,在这种精神感召下,有数万名工作人员心甘情愿当义工;其次,尤伯罗斯决定使用洛杉矶现成的体育场;第三,把当地的三所大学宿舍作为了奥运村。让大家想不到的是,仅仅这后两项措施就节约了数十亿美元的开支,这一点一滴的举动无不体现了尤伯罗斯大胆的创新能力。

后来,由于奥运圣火在希腊点燃后,在美国要举行横贯美国本土的1.5万公里的圣火接力跑。而尤伯罗斯决定采用捐款的办法,谁出钱谁就可以举着奥运火炬跑上一程。全程圣火传递权以每公里3000美元出售,后来1.5万公里共售得4500万美元。

而尤伯罗斯还出人意料地提出,每家公司赞助金额不得低于500万美元,而且不许在场地内包括其空中进行商业广告,否则就不许使用奥

运会专有标志。没有想到这些苛刻的条件反而刺激了赞助商的热情。

当时有一家公司急于加入赞助，甚至都还没有弄清楚所赞助的室内赛车比赛程序如何，就已经签字了。

最终，尤伯罗斯从150家赞助商中选定了30家，而这一举动共筹到1.17亿美元。但是这还不是最大的，最大的收益来自独家电视转播权的转让。

当时，尤伯罗斯采取美国三大电视网竞投的方式。结果，美国广播公司以2.25亿美元夺得电视转播权。尤伯罗斯第一次打破了奥运会广播电台免费转播比赛的惯例，以7000万美元把广播转播权卖给了美国、欧洲及澳大利亚的广播公司。门票收入，通过强大的广告宣传和新闻炒作，也取得了历史最高水平。

就这样，在短短的十几天内，第23届奥运会总支出为5.1亿美元，而赢利2.5亿美元，尤伯罗斯本人也得到了47.5万美元的红利。

在闭幕式上，国际奥委会主席萨马兰奇向尤伯罗斯颁发了一枚特别的金牌，报界称此为"本届奥运最大的一枚金牌"。

洛克菲勒有一句名言："如果你想成功，就应该辟出新路，而不要沿着过去成功的老路走……即使你们把我身上的衣服剥得精光，一个子儿也不剩，然后把我扔在撒哈拉沙漠的中心地带，但只要有两个条件——给我一点时间，并且让一支商队从我身边经过，那要不了多久，我就会重新成为一个新的亿万富翁。"

机遇是自己创造的，我们不要老抱怨没有机遇，在说这话之前先让自己成为一个会创造机遇的人吧。

第三章 "变废为宝"，主动创造机遇

10. 选择自立自强，才能创造机遇

赢在三秒钟

把成功的希望寄托在别人对自己的帮助上，往往会让人产生一种惰性，而寄托在自己身上，我们才能够全力以赴，最终做出令人叹服的成就。我们每个人都要学会自强，懂得自立，要时刻牢记：求人不如求己。

想要成功，你就不要只是一味地走别人为你铺好的路，有的时候需要别人帮忙固然不错，但是如果把全部的希望都寄托在别人身上，那么就有可能是希望越大失望越大。因为再牢靠的靠山，都有倒塌的时候，唯有自己才是最可靠的支撑。

所以每个人都应该学会走自己的路，学会做一个自立自强的人。因为你要明白，靠自己的双手创造出来的东西才是最美好的，也更加有意义。

美国有一名大学生名叫马丁·库帕，他大学毕业后没有找到工作。当他花完身上所有的钱，马丁·库帕感觉找工作的事情迫在眉睫，于是他决定去乔治的公司碰碰运气。

马丁·库帕从小就非常喜欢无线电，他对这位无线电界的资深人士更是非常崇拜。他想，如果自己可以得到乔治的指点，那么他一定可以成就一番不小的事业。当马丁·库帕走进乔治的办公室时，看到乔治正在专心地研究无线电话。

马丁·库帕非常紧张，颤巍巍地来到了乔治身边，小声地说出了藏在他心里的话："尊敬的乔治先生，我是一名无线电爱好者，我想留在你们公司工作，当然，如果您能让我留在您的身边，我会感到很荣幸，我不求您给我薪水……"库帕的话还没有说完，乔治就打断了他的话，眼中充满了藐视地说："请问你是哪一年毕业的？之前有没有从事过无线电行业的相关工作？"

马丁·库帕说："我是今年刚毕业的大学生，还没有找到工作，但是我非常喜欢无线电……"

乔治不耐烦地打断他的话："我想你可以出去了，请不要妨碍我工作。"马丁·库帕听完之后，原本紧张的心反而平静了下来，他从容地对乔治说："乔治先生，您现在是在研究移动电话吧，我想我可以帮您的忙。"

乔治听完马丁·库帕的话感到很惊讶，眼前这个年轻人居然知道他在研究移动电话，但是他觉得马丁·库帕毕竟才刚刚毕业，太年轻了，又缺少经验，还不能成为自己的助手，因此依然没有把他留下来。

就这样过了很多年，直到1973年的一天，有一名男子站在纽约的街头，手中拿着一块约有两块砖一样大的东西，那便是第一部移动电话，可是谁也没有想到，把它拿在手中的那名男子就是当年被乔治拒之门外的马丁·库帕。现在，马丁·库帕已经是美国摩托罗拉公司的一名工程技术人员。他拿着那个电话拨通了乔治的号码："乔治先生，我现在正在用一部便携式无线电话和您通话呢！"

当时，乔治做梦也没有想到，那位当年被自己拒之门外的大学生居然比他先发明出了移动电话。

现在，移动电话已经非常普及了，而它的发明者马丁·库帕的名字更是家喻户晓。记得当时记者在采访马丁·库帕时问："如果当年乔治先生接受了你，你一定会帮助乔治发明移动电话吧，那么今天的成就就不属于你，而是属于乔治先生了。"可是马丁·库帕却这样回答："你错了，先生，如果当时乔治先生接受了我，我们或许就研制不出来这部移动电话了。正是因为他把我拒之门外，不想让我在他那里学到东西，我受到了这样的屈辱，但是我却没有因此而放弃，我把那份屈辱化成了动力，重新开辟出了一条研制移动电话的道路，如果没有这种动力，或许我们联手也研制不出来。"

在马丁·库帕的话中我们可以发现：人一定要坚持，即使不被别人信任，你也一定要自己相信自己的能力。

11. 独辟蹊径，发现不一样的机遇

赢在三秒钟

尽管在成功的人当中不乏有通过一条前人走过的路而获得成功的，但是更多的却是独创新路的人。我们只要做到有创意，想出新的点子，才可以真正得到丰硕甜美的果实。一句话，"干他人不想干的，做他人不曾想的"。这就是成功之道。困境在聪明人眼中往往就意味着一个潜在机遇，只是我们一般人不去思考而已。"善辟蹊径，走出新道"这才是永远获得成功的法宝。

任何成功都必然要求你具有独到之处，而且很多成功人士的经验告诉我们：不寻常人往往喜欢走不寻常的路，而这也正是为成功打下了基础。

兵家常说："将三军无奇兵，未可与人争利，凡战者，以正合，以

奇胜。"司马迁《史记·货殖列传》中说："治生之正道也，而富者必用奇胜。"其实在实际生活中，有许多商人，他们就是因为掌握了一技之长，经营一些独特的商品而致富的，换句话说，也就是他们善于独辟蹊径，走出了他们一条崭新的经商之道。

很多人对于独辟蹊径不能理解，其实独辟蹊径说到底就是创新，即不要固守着旧的思考模式，而是要不断地花费时间来寻找一个全新的模式或者独特的方法来最大程度地改变生活。只有当你走的路与别人不同，你才能够成功。一个穷人要想翻身成为富人，就喜欢这样的方法，这也是成功最快的方式。当然，走自己独特的道路的时候难免会遇到各种困难，但是你只要认准了就不轻易回头，勇往直前，一定可以达到成功的彼岸。

约翰劳斯出生于美国西部，在他小的时候家里很穷，上不起学。所以，约翰劳斯很早就出来打工了，在乡下一个火车站工作。由于车站很偏僻，乡镇里面的居民买东西就很困难，而且东西的价格又高。所以，他们不得不经常写信给外地的亲朋好友，让他们帮忙代买，真的非常麻烦。

聪明的约翰劳斯从中发现了商机，他就想：如果自己能在附近开一家店铺，卖一些生活用品，那么肯定能赚钱。可是，当时约翰劳斯没有资金投入，更没有房子做店面，怎么办呢？于是他想来想去，最后决定用一种全新的、无偿的邮购方法。也就是先把商品名字做成商品目录，然后把商品目录寄给客户，再按客户的要求把购买好的商品寄给他们，从中获取一些利润。

约翰劳斯雇用了两名联络员，成立了"约翰劳斯通信贩卖有限公司"，从此之后，人们也纷纷仿效约翰劳斯的运营模式，并从美国风靡到了全世界，当然约翰劳斯也得到了丰厚的回报。

我们不得不说约翰劳斯是一个聪明人，他独辟蹊径，想别人没有想

第三章 "变废为宝"，主动创造机遇

的，做别人不敢做的事情，最后走出了一条属于自己的成功之路。

很多经验告诉我们：要想使自己尽快地获得成功，就应该适当做一些别人没有做过的事情。

对于经商，可以说是一门学问，更需要经商的人懂得另辟蹊径，有自己独特的经营技巧，能够走出自己独具一格的新路。只有这样，才有获得成功的机会。

善辟蹊径并不需要你是一个天才，而它主要在于找到新的改进的方法，走出一条别人很少接触的路。

对一个商人来说，如果只知道一味地去跟随别人的脚步，那么就永远只有做"第二个吃螃蟹的人"。凡是成功的人总是善辟蹊径的，当一个人穷思竭虑地要找出富有创意的方法来解决问题时，最好的机会其实也就随之而来了。

只有那些盲目的人因为拒绝做新的尝试，而错过了一次又一次生命中最好的机会，财富就好像金矿一般，通常是藏在不起眼的外表之下。

如今的社会，人人都渴望成功，它已经成为这个时代的最强音符，而要创造财富、获取成功，靠的就是善辟蹊径的智慧。

还是在美国，有一个叫罗宾的糖果商，他拥有一家糖果小厂和几家小店，在众多大厂的压制之下，罗宾的销售状况非常不理想。最后罗宾虽然使出了全身解数，但还是收效甚微。面对着销量越来越少的销售局面，罗宾整天都在想：如何才能让小孩子都来买我的"香甜"牌糖果呢？

直到有一天，罗宾看到一群孩子玩游戏，于是立刻被吸引住了。那是一个"幸运糖"的游戏，规则是把几颗糖果平均放在几个口袋里，由其中一个人把一个"幸运糖"，也就是一颗大一些的糖放进其中某个人口袋里，不让别人看见，然后大家随意选一个口袋，有幸拿到"幸运糖"的这个小孩就要享受特权，他就能够扮演皇帝的角色，而其他人只

· 87 ·

能扮演臣民的角色，每人要上供一颗糖……看到此场景的他，突然一个灵感闯入罗宾的脑海，他欣喜若狂，后来，他在思考了很长时间后，做出了一套宏伟的计划。

当时，美国的许多糖果是以1分钱的价格卖给小孩的。于是，罗宾就在糖果包里包上1分钱的铜币作为"幸运品"，并在报纸、电台打出口号："打开，它就是你的！"结果这一招非常奏效，因为如果买的糖中包有铜币的话，就等于完全免费，孩子们都去买来吃，罗宾还把"香甜"这个名字改成了"幸运"。

罗宾每天除了加紧生产糖果之外，还不惜一切代价找来了许多经销商，除此之外还大肆进行广告宣传，将"幸运"糖描绘成一种可以获得幸运机会的新鲜事物，而且还创造出了众多个可爱的小动物形象作为标志，深受人们的喜爱。

也就是由于罗宾的奇特方法，结果在一时间罗宾糖闻名全国，罗宾糖的销量更是迅速涨了几百倍。

结果没过多长时间，其他糖果商看见罗宾糖销售如此好，就蜂拥而上，纷纷模仿此法。可是，罗宾又改变了竞争策略，他在食品中放上其他物品，诸如玩具、连环画、手枪等，就是这样的方法，让罗宾糖的销售量始终处于同行前列，而转眼间，罗宾就拥有了800多万美元的资产。

在商业竞争中，罗宾虽然只是用了一些小玩意儿，可是却给自己带来了一笔巨大的财富。可见，在很多时候要想扭转不利的局面，就必须要创新，独辟蹊径，只有这样才能找出一条可以突破重围的生路。

第四章
步步为营,把机遇踩在脚下

做任何一件事情都是有条件的,只要是条件具备了,我们可以做成任何事情。但是,要想条件完全具备,首先就要求我们自己能够脚踏实地,踏踏实实地付诸行动,只有这样,我们才能够把事情做好。

1. 实现机遇要抓住"实"

———— 赢在三秒钟 ————

掌握好机遇其实就跟做古董交易有些相似，当大家还不太清楚它的价值时，你才有机会以极小的代价得手，可是你想想，一旦它的价值被大家都知道之后，你的成功概率也就会因为竞争者的增多而减少，获取的利润也会相对降低。

如果你想更好地抓住获得成功的机遇，那么就必须脚踏实地先打好成功的基础。其实我们每一个人从来都不缺少机遇，而缺少的只是发现和实现机遇的能力和头脑。

所以，在很多时候，本来属于自己的机遇却成了别人的猎物。善于抓住机遇的人，总是习惯于根据自己已经知道的一切，来预测未来的变化，并且能够及时地付诸行动。

有一个叫马若丽的匈牙利人，他在1978年流亡到美国的时候，身上除了5美分，头脑里面除了一个当企业家的梦想之外，可以说是一无所有。

当他在美国的头一年半的时间里，他总共换了15份工作，而且每次都是他主动跳槽。原因并不是他过于挑剔或者是做事情不踏实，而他的目的是尽快熟悉美国这片土地和各行各业的情况。

最后，在他到一家工厂当搬运工的时候，他的情况有了一些改变。

第四章 步步为营,把机遇踩在脚下

这是他的第19份工作,他工作很卖力,并不计较工作有多么辛苦。

而这家工厂的老板是个很细致的人,马若丽对待工作这么勤奋的态度,很快就引起了这位老板的注意。老板在跟马若丽交谈之后,发现他对各行各业的几乎每个工种都很了解,可以说有着丰富的行业知识,于是便决定将整个工厂交给他管理。

结果,马若丽果然是不负重望,将工厂管理得非常好。但是半年后,他又果断地放弃了这份体面且高薪的工作,去当了一位实习推销员。因为他知道,要成为企业家,仅仅是有管理知识还是不够的,更重要的是必须懂得市场。

就这样,在3年之后,马若丽买下一家破产的企业,并且很快使它起死回生。结果又过了几年,马若丽终于迈入了美国大企业家行列。

我们每个人都有梦想,但不是每个人都能够在自己的有生之年实现自己的梦想。这是因为,虽然大部分人心中有梦想、有目标,却经常会受到安逸的工作和丰厚的收入的"腐蚀"最后反而被其所拖累。

我们很多人常常是在谈梦想的时候慷慨激昂,可是真正等到需要付出辛苦努力去行动的时候,就开始退缩了,总是会把希望寄托于突然而来的"好运气",幻想着可以凭借"好运气"让自己一步登天,从此位高权重,锦衣美食,呼风唤雨等。

也正是基于这样的原因,才最终导致岁月蹉跎,光阴不在,而梦想仍是泡影。而对那些一心想实现梦想的人来说,与梦想无关的一切东西,他们都能够放得下,可以说没有什么是不可以舍弃的。

好机遇也只有在事后才会被证明是好的机遇,其实,任何事物都有它的内在规律,而每个人在自己所熟悉的领域内,都可以根据一种变化从而预测以及推断出后面的种种变化趋势。

可是令人感到可惜的是,大部分人都不愿意花费时间进行细致的分析，自然事情以后如何变化也就不会知道了。说到底，就是因为害怕付出辛劳，所以最后也只好眼巴巴地看着机遇溜走。

成就任何一件事情，都是有条件的。等到条件具备了，我们才可以去实现这件事情，但是，我们一定要明白其首要条件，就是要敢于脚踏实地付诸行动。

亚历克斯·罗维拉和费尔南多·特里亚斯教授曾经在书中写道："好运气其实就是有效利用环境，它必须完全靠自己来创造，天上不会掉馅饼。问题在于，很多人想得到好运气，但很少有人真正下决心去为之努力。"

可见，真正能够把握住机遇的人并非是他们的运气好，而是他们能够积极努力、不懈追求，是他们自己给自己创造了机遇。

2. 让我们一步步丈量机遇

赢在三秒钟

我们从表层看，机遇是一种偶然性，难以预测，难以捕捉，神秘莫测。可是当我们从深层次去看它的时候，它又是无时不在、无处不在的，只要你的先天条件和后天努力到了位，机遇自然而然地就会降临到你的头上。

我们每一个人只要你的先天条件和后天努力都到位了，那么机遇自然而然地就会来到你的身边。

第四章 步步为营，把机遇踩在脚下

在我们每个人的一生中，总是会遇到成功与失败这两个大问题，其实，我们每个人的人生道路在某种程度上可以说就是由成功和失败组成的。不管这人的天赋有多好，出身背景有多么优越，他们的成功也是来之不易的。他们也需要通过自己的努力，才能够获得更多的成功机遇。

而天赋稍微弱一点，或者是出身背景较差的人，在一些人看起来他们似乎失败的机遇更多一些。

假如你的先天条件不好，而且后天你又不肯努力进行弥补的话，那么机遇自然就会跟你无缘。

中国有句俗话叫"天道酬勤"，也就是说只要功夫深，铁杵都可以磨成针。所以，一切都是要看你做人做事是不是尽心尽力了，有没有把自己的全部精力全心全意投入其中，只要你愿意去努力，让自己付出辛勤的汗水，那么生活自然而然就会给你带来良好的机遇。

佐川清出生于一个颇有名望的富裕家庭里，他是在父母的慈爱中度过了自己快乐的童年时代。但不幸的是，他的母亲在佐川清8岁那年因病去世了，从此，佐川清之前那种无忧无虑的生活也就此结束。

佐川清的继母对他非常不好，中学还没毕业，他就赌气离家出走，到外面自谋生路。当时因为年纪还小，佐川清想找到一份工作是很不容易的。他为了能够生存，最后在一家快递公司当了脚夫。

在那个时候，快递公司一般是没有运输工具的，而运输主要靠的就是搭车和走路，对人的体力要求很高，特别是运送重物那更是非常辛苦的，可是佐川清一干就是20年。

当佐川清35岁的时候，他不想再给别人打工了，想有一份属于自己的事业。可是佐川清对于其他行业也不懂，于是他就在京都创办了"佐川捷运公司"。

刚开始的时候，公司的老板和员工就是佐川清自己。他的妻子有的时候也会来帮他一下，算得上是半个兼职员工。

当时佐川清所确立的业务范围是：在京都和大阪之间，做供应商和代销商的快递生意。可是让佐川清没有想到的是，在公司开业之后的一段时间内，佐川清根本就拉不到生意。原因主要是因为他的公司没有什么知名度，客户对他的公司的能力也缺乏信心；第二个原因就是他由于资金问题，没有资产可以抵押，这样就不容易把信用树立起来。

但是佐川清毫不气馁，依旧坚持每天往客户的家里跑，第一次不成就再去一次，极力在客户心中表现出自己乐意效劳的诚意。

就这样又过了半个月的时间，突然有一天，佐川清再次去拜访大阪"千田商会"，老板见他来了好几次，觉得佐川清可能是一个做事认真的人，于是就请他坐下来聊一聊。

当这家商会的老板知道了佐川清的经历之后，很是感动。他万万没有想到一个富家子弟居然能靠卖苦力来谋生。于是，千田老板委托他将十架莱卡牌相机送到一家照相机店。而这种相机的价格是非常昂贵的，一架相机可以抵佐川清打工时一个半月的收入，可以说，这是佐川清成立公司以来接到的第一单生意，也是笔大生意。

他像捧着稀世珍宝一样小心地护送，不敢有半点疏忽，最后终于圆满完成任务。当完成这项任务之后，这件事经过千田老板在朋友中的宣传，人们对佐川清的看法大大改变了。

在这之后不久，佐川清又接到一单生意，就是大阪的"光洋轴承"业主委托他运送一批轴承。当时一般的脚夫都不愿搬运这种超级重的物品，而佐川清却非常高兴地接下了这笔业务。

每个重达50公斤的轴承，佐川清背上背3个，胸前又吊2个，身负250公斤，每天要往来于大阪和京都之间7次。

但是佐川清却坚持了下来，正是由于佐川清吃苦耐劳的精神深深感

第四章 步步为营,把机遇踩在脚下

动了"光洋轴承"的老板,从此之后,他将公司所有的快递业务都交给佐川清做。

也就是通过这两单生意,其他客户对佐川清有了进一步了解,都觉得他是一个值得信赖的人,于是也慢慢地开始把将业务交给他做。

就这样,凭着自己的吃苦耐劳与正直诚信,佐川清终于成功地打开了局面。后来,佐川清承接的生意越来越多,最终"佐川捷运公司"发展成一个拥有万辆卡车、数百家店铺、电脑中心控制、现代化流水作业的货运集团公司,而它也垄断了日本的货运业,并且将生意做到国外,年营业额逾三千亿日元。

著名的美国作家罗威尔说:"人世中不幸的事如同一把刀,它可以为你所用,也可以把你割伤。那要看你握住的是刀刃还是刀柄。"

而且古今中外无数的成功事例证明,机遇不是从天上掉下来的,更不是等来的,需要我们每一个人去努力争取,也只有这样,你才能够获得机遇。

3. 咬定青山不放松,抓住机遇不撒手

赢在三秒钟

绝不轻言放弃,这是对人意志的考验,而人的意志之所以能够坚持,就是因为自己的理想充满了价值和意义。我们的理想是建立在科学基础上的,是可以实现的;自己的理想可以体现自己的人生价值,可以充分发挥自己的潜能。正是这些原因,让我们能够有一种强大的力量,

战胜各种各样的困难，直到最后胜利。

著名的南非黑人领袖曼德拉是一位认准了目标就绝不轻言放弃的人。而他最后的成功就是因为他有着超人的意志和毅力。

曼德拉出身在一个滕希人的王族，他的父亲是滕希人大酋长的首席顾问，按照他父亲和大酋长的意愿，是要把曼德拉培养成酋长的。

当曼德拉22岁的时候，知道自己要被培养为酋长，但是他当时已经下定决心，永远不做统治压迫民族的事。最后，曼德拉选择了逃跑，他想通过这样的方式来拒绝将来担任酋长，因为曼德拉的梦想是成为一名律师。

对曼德拉的政治态度影响极深的是他在约翰内斯堡的日子，在这个城市里面，曼德拉看到了白人和黑人生活存在的鲜明对照。

白人能够生活在宽阔的市郊，到处都是一片繁荣兴盛的景象。可是非洲人，也被称为"土著人"却受到很多的限制。他们被限制在许多"郊区土著人乡镇"和城市贫民窟里，这里的居住非常拥挤，条件极差，而且还不断地受到警察的搜查。

黑人恶劣的生活环境和被曼德拉称为"疯狂的政策"的种族隔离政策，使曼德拉开始了一生为黑人解放而进行的斗争。他毅然地参与了"青年联盟"，领导"蔑视不公正法令运动"，组织黑人进行对白人的斗争。

1952年，曼德拉因领导全国蔑视种族隔离制度而被捕入狱。可是在自己获释以后，他继续坚持斗争，之后也多次被捕入狱。

1962年，曼德拉又以莫须有的"叛国罪"被判为了终身监禁。面对监禁，曼德拉说："在监狱中受煎熬与监狱外相比算不了什么。我们的人民正在监狱外受难，但是光受难还不够，我们必须斗争。"

第四章 步步为营，把机遇踩在脚下

在监狱里面，曼德拉也没有妥协，更没有退缩，选择在狱中坚持斗争。曼德拉拒绝南非当局提出的释放条件，只要放弃斗争就给他自由，他说："我的自由同南非人民的自由在一起。"

曼德拉曾被南非当局监禁了长达28年，但是他对自己理想的追求矢志不渝。曼德拉后来以非凡的经历、传奇的色彩、顽强的意志、超人的魅力，成为南非黑人民族解放的象征，为全世界所瞩目和尊敬。

其实，曼德拉完全可以过一种富裕而悠闲的生活，可是他却为了南非黑人的民族解放而斗争，把自己的毕生精力贡献于为民族解放而斗争，这种无限的忠诚给了曼德拉奋斗的勇气，也使他在人民心中享有崇高的威望。

曼德拉的理想是崇高的，实现这个理想更是困难重重。可是，曼德拉经历了那么多的折磨和苦难，却丝毫没有动摇他的信念，他有一种不达目的誓不罢休的决心与意志，也正是这一点，他才最后战胜了敌人，也战胜了自己。

4. 带上"进取心"这颗重磅炸弹

赢在三秒钟

我们只有克服了自身的不足，努力进取才能够引导你走上理想的生活之路，才能捕捉到改变人生的机遇。反过来，无论你是怎样一个出乎其类、拔乎其萃的天才，失去了进取心，是永远不可能成功的。

无论你是一个多么出类拔萃的优秀人才，没有进取心也是不行的，终将一事无成，即使与机遇相逢，也没有能力实现机遇。

尼采说："所谓超人，就是能够'在必要的情况下忍受一切，而且还要喜爱这种状况'的人。"其实正如尼采所说的，几乎所有的成功人士都具有这种特性。

对那些缺乏进取心的人来说，没钱，没学历，没背景，就好像是一种灾难。但是对那些有进取心的人来说，这些都不重要，因为积极的心态能够让你免于沉溺在逸乐之中，可以让你不依赖他人的幻想，一切全靠自己努力。

曾经有一个小女孩，她在读书学习方面好像没有什么天赋，别的同学一听就能够明白的知识，老师往往要给她再三讲解，她也才能理解到一般的程度。

最后，女孩的妈妈怀疑自己在怀她的时候吃错了什么药。妈妈觉得很对不起她，也不指望她用一个好成绩来给父母脸上增光添彩，只要她生活开心就好。

就这样，她非常勉强地念完了小学。初中时，她对几何、代数以及越来越多的新名词更是一筹莫展。眼看快毕业了，她一点也不像能考上高中的样子。老师抱着再试一试的心情，还是想对她尽最后一份力。

有一次，老师给她讲解一道几何题。在讲完第一遍之后，问她听懂没有？她摇头。老师换一种方式讲第二遍，她摇头。讲到第六遍，她还是摇头。老师这次绝望了，说："我不知道是你太笨，还是我太笨，反正我是教不了你了。"

其实，女孩早就讨厌读书这门苦差了，现在她总算找到了一个退学的借口。她背着书包，高高兴兴地跑回家，告诉妈妈："老师说她太笨，教不了我。我自己也不想读书了！"妈妈一听，经过思考之后，也不勉

第四章 步步为营,把机遇踩在脚下

强她,不读就不读吧,只要她开心就好。这以后,女孩真的不去上学了。

之后,女孩找到了一份酒店的工作,可是她仅仅才做了一两个月就不耐烦了。特别是有一次,一个酒鬼在酒店大堂里当众现丑,吐得是一塌糊涂,而这个女孩也觉得恶心,自己还没过去打扫卫生,就先吐了一地。

晚上,她打电话给帮她联系工作的那位好朋友,向她诉苦:"我不要做这种工作了,你再给我找份好工作吧!"这位朋友很无奈地说:"没有办法啊,你读书太少,只有这种工作可做。要是你念了高中,读了大学,你就可以找到又轻松又体面的工作了。""真的没有别的办法吗?""是的,我真的没有别的办法。"女孩听完之后放下电话,陷入了深思。

女孩想,既然没有别的办法,那就去念高中,考大学吧。她决定在家里自习,准备考高中。有人告诉她,她小学的知识都还没有学习全面,就想学好初中的课程,太难了。可是她想,既然如此,那我就从小学开始学习吧。

于是,女孩找来小学一年级到六年级的所有课本,在妈妈的指导下进行学习。当她自习一年级的知识时,她发现特别简单,几天就学完了。她想:"这没什么难的啊,以前我为什么老学不会呢?"虽然后面的课程难度要大一点,但是她总算慢慢学会了。

一年之后,她修完了全部小学的课程。接下来,她又用了一年时间,修完了初中的课程。以前她学东西特别艰难,智商只是一个因素,她主要是对学习没有一点兴趣。

而且,老师没考虑到她的接受能力,按别人的进度来教她,她当然跟不上。现在,她有了强烈的学习意念,按自己的理解水平进行学习,进度快多了。就这样，她最后以比较优异的成绩考上高中，当时父母知道以后，简直是高兴得热泪盈眶，邀集亲朋好友，为她举行了热闹的庆祝仪式，这一次也是女孩第一次品尝到成功的滋味。

当女孩在上高中的时候，女孩学得仍然比别的同学要艰难很多，最后多读了一年才考上大学。她又比别人多花了一年时间才大学毕业。

但是，她所学到的知识比那些学弟学妹们要扎实很多。别人记住了一些知识，而她却吃透了一些知识。因为不吃透她就记不住。后来这位女孩去美国留学，读完了MBA，进入一家大公司工作，现在已是这家公司的中层主管了。而且在此期间，她还修完了博士学位。

在我们的身边，总是会发生这样的事情，可能这个人没有你聪明，但是现在却过得比你体面多了；也许那个比你窘迫的人，可是现在过得比你充实多了；也许那个比你丑的人，现在过得比你开心多了。

这一切并不是你不如他们，而是因为他们更成功地克服了自身的不足，努力进取的结果。

5. 夜有所梦，日付行动

赢在三秒钟

马克思主义有一个著名的科学论断——"劳动创造了人"。其实讲得就是"人"的潜能是在与大自然的斗争中，在劳动中逐渐被开发出来的。如果把马克思主义的这个论断用在成功学上的话，我们就可以理解为是"行动创造了人"。

第四章 步步为营，把机遇踩在脚下

做任何事都是需要条件的，而且这些条件刚刚开始的时候往往不够成熟，我们要想使这些条件变得成熟就需要花费我们许多的精力和时间。如果不能有效利用时间，有的时候可能还没有等到条件成熟，主观、客观环境就会发生变化，结果原先的条件没有达到，新的问题又凸显出来了，最后还是下不了手，只能不了了之。

有的人一生都在等待，等待所谓的机会，结果等到机遇成熟了，自己的头发都等白了，当初那种冲劲也没有了，即使到了最后条件成熟了，他也懒得做了。所以，机会不是等出来的，而是干出来的，如果不去做，是永远找不到机会的。

其实，有的时候你不妨这么想，先干起来再说，边干边寻找机会，边干边创造条件，边干边进行完善。你只好确定大方向是对的，那么也许刚开始看起来没有希望的事情，干到最后却出现了你想要的结果。

要想抓住机会，就必须积极地努力，不断地去奋斗。成功的人从来都不会坐以待毙，更不会拖延，他们也不会等到"有朝一日"再去行动，而是在当下就动手去做。

机会不会从天而降，需要我们自己去争取，需要我们努力去创造。假如你去打猎，你守株待兔的最好结果只不过是一只兔子而已，而只有你积极地行动，才有可能会获得成百上千只兔子，甚至是其他的猎物。

当然，即使机会有一天真的会从天而降，可是如果你成天到晚都是背着双手，一动不动，那么机会也会从你的身边滑过，一去不复返。

我们每一个人在做一件事情之前，往往都会先制订一个计划，然后在付诸行动的时候根据计划来行动。

行动，就意味着要专注于目标，更意味着我们不要恐惧，应该有一种心无旁骛的心态勇敢前进，"走你的路，让别人说去吧"。

有一位作家对创作抱着极大野心，希望自己能够成为大文豪。在他梦想实现之前，他总是说："我满怀雄心地眼看着一天天过去了，一个月、一年也就这样过去了，虽然我知道时间流逝了很多，可是我仍然不敢轻易下笔。"

而另一位著名的作家也说："我把重点放在如何使我的才智有效地发挥上。如果在没有一点灵感的时候，也要坐在书桌前奋笔疾书，就好像是机器一样不停运转，那样是根本不行的。一定要想办法来推动自己的精神力量。

我总是会先静下心来坐好，之后自己拿一支铅笔乱写乱画，想到什么就写什么，喜欢画什么就画什么。让自己尽量放松，这样我的手先开始活动，用不了多长时间，在我自己还没有注意到的时候，便已经文思泉涌了。"

之后他继续说道："当然有时候没有乱写也会遇到突然心血来潮的情况，但是这些只能算是自己的红利而已，因为不管是做什么事情大部分的好的构思都是需要我们进行一系列的准备和行动之后才能够得到的。"

我们应该明白，在每一个行动之后紧接着就会有另一个行动，这是亘古不变的自然原理。"芳林新叶催陈叶，流水后波逐前波"。例如，室温是自动控制的，可是在此之前你必须先选择好温度才行；汽车能变速，但是需在你换完挡之后。这个简单的原理，当然也适用于我们的行动，先让自己行动起来，才有可能在行动中创造机会。

现如今科学已经证明，人的潜能几乎是无限的。而且潜能是越用越增加，不用就会减退，可以说行动促使潜能的发展必然又带来更大的行动。

所以从现在起，我们每个人都不要再说自己"倒霉"了。对于成功者来说，勤奋工作就意味着好运气。只要你每天都能够专心致志地做

第四章 步步为营，把机遇踩在脚下

好自己的本职工作，坚持下去，那么好"机会"就一定会来到。

有的人总是做梦希望有朝一日财源滚滚而来，能够潇洒地做一回大老板。可是结果如何呢？大多数人还不是终其一生，碌碌无为，难以梦想成真。而他们不能够成功的原因就在于这些人眼高手低，而且小钱不想赚，一心只想挣大钱，他们不明白小溪汇集在一起才能积聚成大海的简单道理。

在日本明治时代有一位有名的船舶大王叫河村瑞贤，在他年轻的时候，有很长一段时间无所事事，在家无聊。

时间一长，他就发现自己的生活日见拮据，于是他想："我也不能总是这样贫穷下去，我应该干一番事业来。"

河村瑞贤于是拿出了一些钱给乞丐，叫他们到处给自己去捡人家丢掉的生菜，之后再把这些捡来的生菜卖给贫穷的劳工们。当河村瑞贤开始做这项生意的时候，有不少人都讥笑他，甚至是讽刺他，而且有的好朋友因此还与河村瑞贤断绝了来往。

可是河村根本不在乎这些，他拼命地干起来。他认定现在挣到的这些"小钱"是他未来伟大事业的全部积淀，结果就这样，不到几年时间，河村瑞贤就用这些积累的资金投资了船舶业，最后成为日本著名的船舶大王。

正是由于河村瑞贤有一种细致、认真，而且不嫌弃赚"小钱"的心态，才让他日后财源滚滚。

其实，如果我们每一个人都能够抓住身边的这些不起眼的小钱，不让赚钱的机会从身边溜走，莫以利小而不为，由小钱到大钱，那么总有一天你也会拥有大钱的。

· 103 ·

6. 机遇最怕你坚持

------- 赢在三秒钟 -------

坚持，是一种生活的勇气，你拥有了这样的勇气，才会开拓出自己的伟大人生之路；坚持，是一种做人准则，你有了这条准则，才会更加珍惜自己的宝贵生命；坚持，是我们奋进的源泉，你要想成为经得起考验的人，就要有坚持的勇气。

"坚持"这两个字说起来容易，但是做起来却困难重重。在困难面前，有的人选择了放弃，把自己关在了成功的门外；而成功的人却不会这样，他们默默地坚持着，用永不言败的精神克服着前进路上遇到的种种困难与挫折，所以说他们最后的成功是注定的。

有这样一个例子，在1832年的时候，林肯失业了，这让他非常难过，但是他下决心要当政治家，当州议员。结果糟糕的是，林肯竞选失败了。可以说一个人在一年里遭受到两次打击，无疑是痛苦的。

然而，林肯却并没有被失败打垮，他开始着手准备开办企业，可是不到一年，企业又倒闭了。在之后的很多年里，他不得不为偿还企业倒闭时所欠的债务而到处奔波，历尽了各种磨难。

1835年，林肯订婚了，但是在他离结婚还有几个月的时候，未婚妻又不幸去世。这对他精神上的打击实在太大了，他心力交瘁，数月卧床不起。

1836 年，他得了神经衰弱症。又过了两年，林肯觉得自己的身体状况变好，于是他决定竞选州议会议长，但是他还是失败了。到了 1843 年，他又一次地参加竞选美国国会议员，但还是没有成功。

虽然林肯一次又一次面对失败的问题：企业倒闭、未婚妻去世、竞选败北。你想想，如果你碰到这一切，你会不会选择放弃呢？

不过林肯没有这样，因为他执著的性格让他没有放弃，在林肯的头脑中就没有"放弃"二字，不管命运怎么捉弄他，他都义无反顾地坚持，因为他坚信只要付出就会有回报，成功总有一天会来到他的身边。

林肯就是靠着这份执著，终于等到了机会的出现。在 1846 年，他又一次参加竞选国会议员，最后终于当选了。

结果两年的任期很快要到了，林肯决定要继续连任。因为他认为自己作为国会议员的表现还是出色的，相信选民会继续选举他。可是林肯想得太简单了，最后他落选了，而且因为这次竞选还让他赔了一大笔钱。

但是林肯还是没有被失败吓倒，而是以一种敢打敢拼的精神依旧为自己的目标努力着。1854 年，他竞选参议员失败了；两年后他竞选美国副总统提名，结果被对手击败；又过了两年，他再一次竞选参议员，还是失败了。但是最后经过林肯的不懈努力，在 1860 年，他终于当选为美国总统。

一个人想要做成大事，就必须坚持下去，因为只有坚持才能够取得成功。其实，如果我们一个人克服一点困难也许并不是难事，但是最为关键的是能否持之以恒地做下去，直到最后成功。

《简·爱》的作者曾经意味深长地说过这样的话："人活着就是为了含辛茹苦。"我们每个人在工作和生活中肯定会有各种各样的压力，而我们的内心也会备受煎熬，这才是真实的人生。

如果我们没有了压力，就会感觉轻飘飘的，是的，没有压力肯定没有作为。只有当我们选择压力，并且坚持地往前冲，那么自己就能成就自己。

成功的人就是这样，他们都拥有不屈不挠的精神，哪怕只是一<u>丝丝</u>的希望，他们也决不放弃。

你在做任何事的时候，只要迈出了第一步，并且能坚持不懈，一步步地走下去，你就会离自己的目的地越来越近。

俗话说："成功与失败只有一线之隔。"当我们只有在失败了很多次之后，你才会跨越这个临界点，从而取得成功。

在成功者的眼里，成功只有1%，而99%都意味着失败。但是他们只要看到1%的希望，就会坚持下去。

现实中，很少有事情是可以一次性成功的，而人们常说的"好事多磨"，不也正是这个道理吗！

那些一次性就能够做成功的事情，想去做的人有很多，也正是因为做一次就能成功，所以才会让那么多人盯着。

但是这样的事情真的是太少了，大部分事情都需要我们努力才能够完成。既然没有什么事情是可以一次做成功的，这就需要我们有一个长期做的准备，更要坚持去做，老老实实地去做，只有这样才会有一个好的结果。

人生的成功道路，最怕的就是这山望着那山高的心态，一件事情还没有做好，就开始想着去做另外一件；一种本事还没有学好，就又打算去学别的本事。表面上看，好像什么都懂，什么都会，可是真正派上用场的时候，却什么都是只懂一点，什么都是只会一点，完全不能独当一面，根本无法办事，这又如何能成功呢？

第四章 步步为营,把机遇踩在脚下

7. 坦诚衍生机遇

==赢在三秒钟==

不仅是在谈判桌上,就是在我们日常交往中,有的时候以一种坦诚的态度,明确表明自己的观点,把问题摆在桌面上谈,通常比"含蓄"的效果更好。因为"含蓄"很容易造成别人的猜疑和互不信任,不仅不利于人际沟通,还会降低办事效率。

俗话说:"坦诚是把握和实现机遇的利器。"其实,坦诚是一个人最为可贵的品德,也是实现机遇不可或缺的条件。

良好的信誉是开创事业的基础,而我们每个人只有以坦诚的心态去经营事业,才能够赢得更多的信任和尊重,也才会为自己的发展带来更多的机会和空间。

曾经有一位专业人士对那些顶尖的成功人士作过一项专门的调查。结果在调查之后他发现了一个令人非常惊讶的奇怪现象:这些成功人士,也包括那些在商场上的顶尖人物,他们都具有一个共同的特点就是坦诚直爽。

盖蒂是风云商界数十年的石油大王,他说话做事,一直都是坦诚直率的,可以说从来不用心机取胜。

记得有一次,几位工会领导人代表公司员工向盖蒂提出增加员工工资的要求,而且还用书面形式列出了增加工资的数目和加薪理由。

其实，盖蒂一直都不反对给员工加薪，可是这次他们提出的加薪数目太高，已经超出了公司所能够承担的限度。盖蒂认为，如果增加工资的数额降低一半的话，公司还是可以接受的。于是，他与工会代表约定，在几天后通过谈判的方式来解决这个问题。

在谈判开始之前，盖蒂的顾问告诉他，一开始就应该将加薪数目压得很低，然后一点点往上加，这样我们才可以把握住谈判的主动权。而盖蒂认为，这是拍卖市场上惯用的方法，自己如果这么做的话，既有损公司的尊严，对员工代表也是一种侮辱。

谈判正式开始了，盖蒂非常耐心地倾听工会代表陈述的意见之后，就从自己的公文包里拿出了一份反映公司运营情况的财务报表，然后把这份财物报表交给工会的代表们进行传阅。

然后，盖蒂很真诚地说："我猜我们可能会在这里开好几天会，为工资的数据争来争去。可是，如果我们从各自所能得到的结果出发，也许是更简便更合理的办法。那么，我们为什么不这样做，反而要在这里白白浪费时间呢？"

我实话告诉你们吧，公司真的负担不起你们要求的数目，财物报表已经在你们手上了，你们可以看。如果你们愿意将数目降低一半的话，我很乐意在上面签字。这是公司目前所能承担的最高限额了！当然，如果公司明年的利润能够增加，我还是很乐意在这里跟你们商量另一半。"

一开始盖蒂就亮出了自己的底牌，这种举动完全出乎工会代表们的意料。事实上，他们提出那么高的加薪数目，是出于谈判的需要，因为按照常规，谈判就意味着讨价还价。降低一半，这也正是他们心目中的期望值。而且，现在盖蒂已经答应他们的请求，他们要不要继续讨价还价，争取更大的收获呢？

当时盖蒂见工会代表们难以表态，于是就提议暂时休会，让他们先

第四章 步步为营,把机遇踩在脚下

商量一下,下午再谈。

等到休会之后,盖蒂的顾问们都埋怨他太草率了,他们认为工会代表一会儿一定会得寸进尺,接下来的谈判会让他们没有主动权。

可是,顾问们考虑错了,下午的谈判开始之后,工会发言人也以非常坦诚的态度开诚布公对盖蒂说:"我们以为要经过一番艰苦的舌战才能将结果定下来,但是您已经非常妥当地决定了一切,一开始就告诉我们真心话,你对我们这么坦诚的态度让我们很感动。既然这样,我们觉得没有什么需要值得再争论的了,就按您的意见吧。"就这样,双方签约,谈判获得了皆大欢喜的结局。

通过这次加薪,不仅满足了员工们的要求,而且还大大地调动了员工的积极性。结果第二年,公司的利润大幅度增长,盖蒂也没有失言,再一次跟工会代表们进行了一场友好谈判,为员工们调高了薪水。

我们分析这次谈判,就会发现之所以能够让谈判双方尽快达成满意的结果,主要原因就在于盖蒂的坦诚。他一开始就把公司的实际情况公布于众,不仅获得了员工们的信任,而且也非常巧妙地解决了一次由员工引起的"加薪"风波,同时还借此调动了员工的积极性,使公司的利润大幅度增长,真的可以说是"一箭三雕"。

8. 工作机遇贵在敬业尽责

━━━ 赢在三秒钟 ━━━

不管你什么时间,什么地点,也不管你从事什么样的工作,都应该尽职尽责地去工作,认认真真把工作中的每一件小事做好,那样于人于己都会感到心安。当你争取把每一件事情都做得善始善终，你慢慢就会发现，你的这种敬业精神也会给你带来许多事业机遇。

曾经有一位名人说过，从一件小事中就能够看出一个人的思想品质和工作作风。任何一件小事中都蕴涵着丰富的内容，如果你只是看一个表面文章，那么自然就显得空洞无神了。特别是自己在做本职工作的时候，千万不能够忽略任何一件小事，因为伟大的事业往往都是在许多小事的基础上完成的，只有当我们把每一件小事做好了，才能够担起重任。

杰克曾经在一家高科技公司做收发室的工作，还只是一个临时工。可是最近一段时间，公司内部要进行人事改革，机构整合，所以公司职员都处在去留不定的交接等待阶段。

由于这家公司对员工的个人素质要求很高，结果很多年轻的大学生都认为自己很有可能会被淘汰，于是他们在还没有得到确切通知之前就已经心灰意冷，不来上班了。而杰克心里更明白，像他这样的临时工，公司是断然不会留用的，他更应该早做打算。

可是杰克心里觉得在没有得到确切通知之前，还不想失去现在的这份工作。于是他和之前一样，每天都非常勤奋地工作着，及时把收到的报纸、信件送到收件人手中。由于很多员工被公司的人事调整、部门整改弄的是人心惶惶，很少有人有心思去打扫办公室的卫生了。而杰克却为自己又找了一份额外的工作，就是每天打扫办公室的卫生。

一个礼拜之后，交接的日子终于到了，杰克也非常清楚，自己就要和这份工作说再见了。可是他依旧坚持做好自己最后一天的工作。他今天比往常干得更认真和仔细，甚至还为将要接替他的人画好了如何去各个部门的路线图。

第四章 步步为营，把机遇踩在脚下

就在这个时候，有一个年轻人来到收发室问杰克："现在很多人都不来了，你为什么还在这里勤奋地工作呢？"杰克非常朴实地回答说："今天是我最后一天在这里工作了，以后可能我再也没有机会来这里了，我只有把今天的事情做完、做好，我走的话心里才会踏实。不管做什么不都讲究善始善终吗？"

年轻人听完之后没有说什么，只是点了点头走开了。

杰克继续在收发室认真地工作着，他把收发室打扫得干干净净，把桌椅松动的螺丝也都拧紧了，甚至最后锁门的时候，杰克都没有忘记给窗台上的小花浇浇水。

到了第二天，公司公布了留用人员的名单，让人们感到惊讶的是，杰克一名临时工居然也会有他的名字。

原来，那天和杰克谈话的年轻人就是刚刚上任的董事长，他在当天全体员工大会上，不仅表扬了杰克，还郑重宣布："公司需要的是认真做事，有高度责任感的员工，而杰克就是榜样。不爱岗的人迟早会失业，而一名爱岗敬业的员工永远都是公司离不开的人才。"

敬业说容易也容易，说难也难。容易的是敬业每个人都可以做到，难的是每个人不一定能够长久坚持下去。

有的时候，看起来敬业是一件小事，因为它并不能立刻给你带来大笔的财富，可是某些时候敬业又成了大事，因为它能够决定你未来的事业兴衰。

有一个大家耳熟能详的小和尚敲钟的故事。讲的是在一座名刹寺庙里面住着很多和尚，按照老方丈的安排，由一个小和尚负责敲钟的工作。可是时间一长这个小和尚就不愿意了，因为他想：每天早晚都要重复这一个无聊的动作，真的是太没意思了。于是他每天工作的时候都无精打采，开始了"做一天和尚撞一天钟"。

结果有一天，老方丈又宣布说小和尚不能够胜任敲钟的工作，让他去厨房劈材担水。结果小和尚心里非常不服气，他说道："我每天都会按时按点敲钟，而且我敲的声音也很响亮，为什么您说我不称职呢?"

结果老方丈非常严肃地告诉小和尚："你敲钟虽然敲得很响亮，但是在钟声里面却没有神韵，你没有从这简单的工作当中体会到工作的深刻意义。这钟声不仅仅是时间的准绳，更是用来唤醒沉迷众生的警钟。所以，空泛的钟声太颓废了，心中没有责任，你就不配做神圣的敲钟人。"小和尚听完老方丈的话后自知理亏，惭愧不已。

俗话说"细节决定成败"。工作中的敬业态度，往往在小事中表现得最为淋漓尽致。所以我们在工作中，一定要认真地做好每一件小事，只有这样我们才会得到提升的机会。

9. 相信直觉，抓住机遇

赢在三秒钟

在我们的现实生活中，或者是电视屏幕中也经常会听到人们说："直觉告诉我，有事情即将发生了。"可见，无论是真实的生活，还是演绎，都是源于一种难以解释，但是却又实实在在存在的，还值得信赖的依据。

不知道大家有没有听过一首《相信直觉》的歌，歌词中写道："有太多的未知需要静心了解，有太多的说法却混淆一切，我选择去相信直

第四章 步步为营,把机遇踩在脚下

觉……"我们先不去管这首歌要表达的是对什么事情相信自己的直觉,但是就"选择去相信直觉"这种方式,其实就是告诉我们,直觉有的时候是准确而可信的。

就好像我们考试的时候做选择题,老师总会教我们,当自己对这道题我们无法准确找出答案的时候,那么就选择那个我们第一感觉认为是答案的选项,这样准确率往往很高。

其实,我们的人生就好像是一场场的考试,也需要我们去做无数道的选择题,当一道题摆在我们面前,却不能确定对错的时候,我们不妨跟着感觉走。

有一次,著名的推销大师乔·吉拉德被人提问:"尊敬的先生,每一次机遇和您碰面的时候,您总能准确无误地把握住它,请问这里面有什么秘密吗?"

乔·吉拉德笑笑说:"其实并没有什么秘密,我只是相信自己的直觉,并且跟着我的直觉走。"

"哦?"提问的人不能理解。

"请相信我,年轻人,这绝对是一个很好的建议,否则我不会告诉你的,至少它对我真的很有效。"

"您不怕自己的直觉引您走向歧途吗?"

"在我实现自己的梦想的道路上,曾经不止一次因为内心有一种非常强烈的感觉告诉我该那么去做,于是我就那么做了。"停顿了一会儿,乔·吉拉德又接着说:"就算失败了,也不过只是回到起点而已,我并没有失去什么,只要重新调整好心态再一次出发就行了。但是,我不得不说,年轻人,大多数时候自己的感觉都是对的。"

记得在王尔德的喜剧《温夫人的扇子》里有人夸格瑞安经验老到,而格瑞安却说他自己并非只是有经验那么简单:"经验要看对人生有没有直觉。我有，老公羊没有。老公羊把自己犯的错，全叫做经验。"也就是说，他认为直觉很重要。

他的这一观点和乔·吉拉德的观点是一样的。他们之所以有这样的观点，就是因为他们通过自己的实践和经历证明，直觉是有用的。

所以，当我们不能百分之百确定一件事情该如何处理的时候，我们不妨去信赖一下自己的直觉。

其实，我们的人生道路上所遇到的一些东西就好像是两条直线，无意交叉以后得到的一个点，也就仅仅这么一次，之后只能是越来越远，而再也没有交集，这些东西很可能就是能够改变我们人生轨迹的机遇。

而一旦我们错过了，成功便会遥遥无期。但是我们都知道，机遇是稍纵即逝的，它不会在那里等你，机遇不会停留。这个时候，只有相信我们自己的直觉，才能决定是伸手去抓还是看着它溜走，因为只有直觉的速度可以同机遇的速度匹敌。

所以，在人生的道路上，如果你预感某一个行动将会成为改变你命运的重要机遇，那么就要做好准备，不要再犹豫，也许它并不能马上实现你的人生目标，但是有了这个转折，你就会更容易走向目标。

直觉对于我们来说是重要的，我们要相信直觉，因为直觉是有一定的经验根据的，但是我们对直觉的相信不能成为迷信，更不能将直觉同冲动混为一谈。我们只有将直觉同现有的经验结合在一起，才能够在机遇到来的时候迅速出手，牢牢抓住。

第五章
祸福之间掌控机遇

什么是福,什么是祸?其实福与祸两者并不是绝对互相排斥的,有的时候,事情的这一方面是危机,而另外一方面也许就是契机,所以,当我们遇到危机时不要先想到绝望,而要努力找寻危机中可能存在的机遇。

1. 危机中往往有契机

赢在三秒钟

我们应该对所要面临的危机进行一个详细的观察和分析，看看其中包含着哪些能使其转化为良机的信息，从而通过主观努力有效地加以利用，从危机中发现机遇。

在我国著名的古籍《淮南子》中记述了这个大家非常熟悉的《塞翁失马》的故事。这则故事生动形象地向我们说明了一条哲理：福与祸之间不是绝对互相排斥的。

福对人并不是绝对有利，但是祸对人也并不是绝对不利。它们都往往同时存在着对人有利和不利两个不同的方面。而且特别值得我们注意的是，两者在一定条件下是可以转化的。这也就是人们常说的："好事可以变为坏事，坏事也可以变为好事。"

其实，事情的这一方面可能是危机，但是从另一方面分析，也许会发现其中的契机；或这件事情上的危机，可能正是另一件事情上的契机。因为危机中可能隐藏着最好的良机。

有一位家具商人名叫尼克思。在20世纪30年代，一场突如其来的火灾让尼克思陷入困境。

熊熊的大火将商场里面的一切都化为灰烬，而且许多要出售的家具也被烧成漆黑的木炭，尼克思被这场天降的巨大灾难击倒了。

尼克思绝望地徘徊在一片狼藉的废墟中，可是突然他的目光凝固

第五章 祸福之间掌控机遇

了,他几乎不敢相信自己的眼睛,他呆呆地望着一段冒着缕缕白烟的黑黑的焦木,而黑色的灰烬下隐隐地露出漂亮的木纹。尼克思小心地把焦木抽出来,灰烬下隐隐露出的漂亮木纹真是令人心动。他用碎玻璃片小心翼翼地将外面那层灰烬刮掉,木纹完全暴露出来,他又用砂纸将焦木打磨光滑,最后涂了一层油漆。

"简直是太漂亮了!"尼克思被这眼前的景象惊呆了,不禁叫出声来。尼克思想:这柔和的光泽、带有韵律的花纹,如果用它来做家具,一定会大受欢迎。就这样,尼克思的仿木纹家具竟在大火的灰烬中诞生了。

当尼克思的新式家具刚一投放市场,就立即受到了人们的热烈欢迎,大家争相购买,而尼克思陷入困境的事业立刻就有了转机。

这正所谓祸福相依,任何事物都是具有两面性的,一场突如其来的灾难,竟然变成了尼克思发财致富的好机会,真的是让我们感慨世事的难料,以及不得不佩服尼克思面对灾难后的应变能力。

当我们遇上了某种危机,不要只是焦急、痛心、怨天尤人,更不要颓丧、绝望,坐以待毙,我们需要的是沉着应对,振作起来,对所面临的危机仔细观察和分析,看其中包含着哪些能使其转化为良机,不一定非要获得什么利益,至少能够尽可能减少自己的损失。

2. 灵活机智化险为夷

赢在三秒钟

当你与危险已经面对面的时候,如果只知道痛哭流涕,跪地求饶显然是不行的,而唯有让自己保持镇定,随机应变,才可以化险为夷。正如培根所说："当危险逼近时，善于抓住时机迎头打击它要比犹豫躲闪它更有利"。

俗话说："态度导致方法。"当危机事件快要来临的时候，就更是需要我们能够做到灵活机智，随机应变。

明朝有一位张姓官员，他胆大心细，机智过人。在他担任县令的时候，有一天，县衙里来了两位彪形大汉，手里拿着公文，自称是锦衣卫的人，来本地办案。

张县令一眼就看出这两个人不是善茬，但是并没有怀疑他们的身份，也不敢怠慢，急忙把二人请进密室相谈。

可是没有想到，当这两个人刚进密室，居然就拔出了刀，架在张县令的脖子上，重新报上名号。张县令这才明白，原来此二人乃是被通缉的江洋大盗。

两位大盗说："我们来找你没别的意思，只是借些钱花，并不想伤害你的性命。如果你不老实，那就别怪我们了。我们也不贪心，只向你借白银五千两，猜想贵县的库房，不会没有这个数目吧？"

张县令本身就是读书人出身，不会武功，简直就是手无缚鸡之力。在两位大盗的挟持下，他根本连一点反抗的余地也没有。

可是，如果他真的要把国库的银子送给这两位大盗，那就犯了大罪，轻则丢官，重则掉脑袋，这样的事情他是万万做不得的，而这两个家伙一张口就是五千两，数目大得吓人。

张县令冷静思考后认为，硬拼不是好办法，自己真的以身殉职虽然能算得上英勇，但是却缺少一点智慧。

他决定先好言进行周旋，再见机行事。于是，他装着非常惋惜的样子对两位大盗说："你们刚才冒充锦衣卫，我并没有当场点破你们，你们为什么自己急急忙忙地暴露身份呢？假如你们以公事为名，要求从国

第五章 祸福之间掌控机遇

库里面提取现银,我敢不照办吗?这样对你们,对我,不就少了很多麻烦吗?"

两位大盗一听,觉得张县令的话说得果然在理,于是也非常的后悔,只是因为他们做惯了强盗,对骗子的手段实在是不在行,所以根本没往这方面想。结果经过张县令的提醒,才觉得这个办法真是个好办法。

张县令继续说道:"钱财都是身外之物,既然你们已经答应不伤害我的性命,我也没有必要为五千两白银冒生命危险与你们作对。但是,从国库提取现银,需要一定的章程,要经过好几个主管签字审批才可以,不是我一个人可以做主的。而且你们一下子要五千两,又没有正当理由,在签批的过程中,难保没有人怀疑。你们的身份一旦被人识破,结果无疑对你们不利。"

两位大盗听完之后觉得张县令的话有理,但是他们又不愿放弃,于是心中不免焦躁起来。张县令这个时候察言观色,生怕他们心急上火发生意外,于是赶紧又说:"即使能侥幸从国库提出白银,又不被其他人识破,我也是脱不了干系。所以,我愿意为你们想其他的办法,让你们能够顺利得到银子,而且也不会影响我的前程。"

两位大盗忙问张县令:"你有什么好办法?"

张县令说:"我在本县做官多年,地方的士绅还算买我的面子。不如我向他们借五千两银子给你们。这样你们得到了想要的数目,我也可以免去监守不力的罪责,岂不是两全其美?"

两个大盗听完之后确实觉得这是一个好办法,但是他们还是担心张县令有诈。结果正在犹豫的时候,张县令又说:"我想你们肯定不放心让我出去借银,那么我可以找一个可靠的人代办,也是一样的。我有一个书办,做事还算可靠,而且那些富户也都认得他,我写一张欠条,让他以我的名义去借银肯定没有问题。不过你们最好把刀藏起来,别让他

· 119 ·

看出你们的身份。"

两个大盗觉得这个办法不错，于是便听从了张县令的劝告，将刀藏起。其中一人出去，将张县令所说的书办叫进来。

张县令对书办说："我犯了一点小错，被上面的仇家抓住把柄。这两位锦衣卫大人愿意帮我缓解矛盾，让我免去罪责。所以，为了表示感谢，我决定送给他们白银五千两。

可惜现在我手头无银，只好向本地的富户借钱。我要在这里陪两位大人，走不开，烦你代我走一趟吧！"

说完之后，张县令就取出纸笔，坐下来写借条，边写边说，哪个人比较富，可以借多少钱；哪一家条件一般，不要多借。他总共给书办写了七张欠条，累计起来正好五千两。书办接过欠条，便转身出去了。

两位大盗自始至终都仔细监督着张县令的一言一行，而且对他写的欠条也仔细检查过，没有发现任何破绽，完全放了心。而且等到书办出去之后，他们就与张县令随意聊天，显得很放松。

可是没过多长时间，书办就带着七个人走进来，而且在他们手里都抱着一个沉甸甸的布包。两位大盗以为他们抱着银子，谁知道当他们解开布包的时候，亮出来的却是兵器。两位大盗顿时明白中计，可来不及有所动作，已经被制伏在地。

这究竟是怎么回事呢？原来书办是一个非常聪明的人，他发现县令的欠条中所写的七个人，根本就不是什么富户，而是当地几个武士，于是心里顿时明白了是怎么回事。

所以，他不动声色地走出去之后，就赶紧找来这几个武士，将两个大盗一举擒获。张县令也因巧妙捕获大盗有功而受到嘉奖，不久，就升为了太守。

可见，当我们遇到突发事件的时候，一定不要惊慌失措，而应该学会冷静思考，随机应变，从危机中发现机遇。

3. 谁说困境不是机遇

―――――― 赢在三秒钟 ――――――

沉着冷静、永不放弃这是每一个人都具备的品质，任何一个人都应该时刻保持着亲切和蔼的笑容、一种心怀着远大理想的气魄和能够应对各种困难的能力和信心。你应在困难和挫折面前不懊恼、不气馁，不为一点点事情犹豫不决，这些良好的品质对于解决困难更有帮助。

我们知道很多失败的人都是因为没有坚强的自信心和缺乏果断做事的能力，其实在他们的身上都有能够成功的要素，但是他们却把这宝贵的要素弃之不顾。

俗话说："喷泉的高度不可能超过它的源头。"一个人做事也是如此，他所取得的成就是绝对不会超过他自己所相信的程度。如果你已经有了一个适当的发展基础，并且你也知道自己的力量能够战胜这些困难，那么你就应该立刻拿定主意，不要再因为外界的任何因素而受到影响，即使你遇到一些困难和阻力，你也要坚持下去，把困难踩在脚下。

无论你现在的情况如何，你一定要有坚持不懈的精神和良好的心态，千万不能失去自信。你应该在困难面前高高地昂起头，以蔑视的眼光去看困难，一定不能让困难把你压下去。你时刻都要做困难的主人，而不能做困难的奴隶。你应该不停地改善自己的生活、工作环境，要向着目标勇敢地去迈进。你应该坚信地说："我现在已经完全有能力去实现目标，我的力量是强大的，绝不会有人把我这股强大的力量抢走。"

这时关键就是你应该养成一种坚强有力的个性，把困难踩在脚下，把曾经失去的自信心和坚强的毅力找回来。

有很多的人曾经都失去过自信心，但是最后还是重新建立起了自信，这样他们最终挽回了自己的事业，诺贝尔成功的例子就说明了这一点。

当诺贝尔第一次见到硝化甘油时是在圣彼得堡，当时有一位叫西宁的教授拿着硝化甘油给诺贝尔父子看，并且用锤子敲击，硝化甘油受到锤子敲击的地方就发生了爆炸，诺贝尔对此感到了极大的兴趣。

西宁教授对诺贝尔说，如果你能够想到好的方法，让他按照人们的意志来爆炸，并用在军事上面，一定能够改变这个世界的历史。从此以后，诺贝尔就开始认真地做起了这方面的实验。

在1862年，诺贝尔在圣彼得堡的实验室中，进行了第一次探索性的实验。诺贝尔先把硝化甘油装在一个试管里面密封好，再把试管放进装满火药的锡管中，然后装进去一根导线。装好以后，诺贝尔三个兄弟就一起来到小河边，将这个导火线点燃后扔进了水中，结果水花四溅，地面都在晃动，这个火药的爆炸威力远远要超过其他一般的炸药。这是诺贝尔第一次用较多的火药来引爆较少的硝化甘油，它成功的意义在于第一次发现了引爆硝化甘油的原理。

后来，诺贝尔又开始积极寻找引爆硝化甘油的引爆物。这种引爆物的剂量越小越好，一定要远远小于硝化甘油才能有实际的意义。诺贝尔经过了多次的试验，但是都失败了，可是他并没有气馁，他抱定要把困难踩在脚下的心态努力坚持试验，最后连他的亲戚朋友都认为诺贝尔太固执了。

经过了长时间的努力，诺贝尔终于找到了引爆硝化甘油的好办法，于是他满怀信心地开始进行试验。他用了一支很小的试管，里面装满了火药，并且用导火线连接好，然后装入浸有硝化甘油的容器内，点燃导火线后诺贝尔就像小孩子点燃鞭炮期待听见响声一样，但是最后试验却失败了，试管内的火药并没有点燃硝化甘油。其实这次失败在现在人们看来可能只是一次偶然的现象，可是在当时诺贝尔付出了很多的努力才找到了最后的答案。在试验的过程中，诺贝尔走了很多的弯路，但是他不急躁、不气馁，终于获得了成功。

1868年2月，瑞典的科学大会授予诺贝尔父子金质奖章，奖励他们用硝化甘油制造了炸药，并且首次把硝化甘油用于生产工业炸药。

后来，诺贝尔又有了新的目标，他又研制成了一种兼有硝化甘油的爆炸威力和安全性更高的新品种炸药，不久之后，结实的胶质炸药和可塑性比较强的胶质炸药都相继问世了，被人们广泛用于了爆破工程中。

诺贝尔就是这样，靠着自己的努力，用自己顽强的意志和毅力，把困难踩在脚下，最终取得了成功。

也许有的人在困境面前会沮丧、郁闷、失去信心，但是真正成功的人却有把困难打败的决心，他们根本不认为困境是不好的事情，反而把困境看成是一种机遇，懂得从困境中寻找机遇、发现机遇，利用机遇促进自身事业发展。

4. 大难之中暗藏机遇

赢在三秒钟

绝不轻易放弃的勇气，以及大胆的执著追求，是每一位成功者身上的闪光点。凭借强有力的信念支撑，那么任何事情你都能够坚持做下去，不屈不挠，而这才能使你始终朝着某个既定的目标前进。

他在做推销员的时候扶摇直上，平步青云；在做总经理的时候可谓呼风唤雨、无所不能；但是他曾经是一只被人耻笑的"丧家犬"；后来又成为一名救企业于水火的英雄；甚至是一届全美人民崇拜的偶像，这其中的滋味，恐怕只有亲身经历的艾柯卡本人才能够说出。

艾柯卡在1945年修完工程学和商业学以及心理学后，告别了自己的大学生涯。当时在20多家可供选择的公司中，他毫不犹豫地选择了福特汽车公司，因为艾柯卡从小就有"汽车情结"。

后来，艾柯卡经过自己的一番努力，如愿以偿地当上了一名推销员。推销员工作充满了酸甜苦辣，艾柯卡虚心好学，竭尽全力去干，很快学会了推销的本领。不久，他被提拔为宾夕法尼亚州威尔克斯巴勒的地区经理。1956年，艾柯卡被提升为费城地区销售副经理。

后来，艾柯卡由于一系列优秀的营销创意和绝妙的销售技巧，特别是在1970年12月10日，艾柯卡趁"野马"和"马克"汽车大获成功之势，终于如愿以偿地登上福特汽车公司总裁的宝座，成了这家美国第二大汽车企业中地位仅次于福特老板的第二号人物。而艾柯卡似乎在一夜之间就红了起来。

成功之后的艾柯卡在人们心目中的地位可谓是日益提高，而且越来越受到董事会成员的赞赏。可是，俗话说："树大招风"，艾柯卡的声望越高，也就越来越受到公司老板亨利·福特的猜忌与戒备。

因为福特公司自从创办以来，一直都是由福特家族把持大权的，如今"将强于帅"，亨利·福特认为这是对他权力和地位的莫大威胁。1975年，亨利·福特健康欠佳，使他更加担心身后大权旁落。于是，想办法除掉了艾柯卡的职权。

当时他的秘书得知到这个消息之后，在门口垂泪相迎。他推门一看，办公室只有卧室大小，地板上铺着有裂缝的油毡，仅有一张小桌子，上面放着两只塑料杯。这一切比起他原来使用的豪华的总裁办公室来，简直就像被流放一样。

艾柯卡怒火满腔，猛然转过身走了出去，心中发誓再也不回来了。为了雪此奇耻大辱，他决心振作起来，重整旗鼓，东山再起。

艾柯卡被解雇的消息在舆论界和企业界引起了轰动。许多大公司久仰艾柯卡的大名与才干，纷纷找上门来，争相聘请他，其中包括财大气粗的国际造纸公司、洛克希德飞机公司、无线电收发装置公司等，聘用的条件都是相当的优厚，甚至还有一些大学邀请他出任学院的院长。

可是这一切都被艾柯卡婉言谢绝了，因为对他来说，自己感兴趣的就是汽车工业。厄运也会给人带来机会。正当艾柯卡赋闲在家的时候，美国三大汽车公司之一的克莱斯勒公司由于经营不善正濒临倒闭，急需"神人"来挽救这一残局。而这对于艾柯卡而言，无疑是自己人生道路上的重大转机。

后来，通过朋友介绍，克莱斯勒汽车公司董事长约翰·李嘉图会见了艾柯卡，并表示如果他愿意重新出山，欢迎他到克莱斯勒公司继承他的职位。当时的克莱斯勒公司就好像是一艘将要沉没的大船，而且对汽车事业的执著和钟爱让艾柯卡毅然决定破釜沉舟，出任公司的总裁。

结果也正如大家所想象的那样，艾柯卡最终使克莱斯勒公司奇迹般地走出谷底，克莱斯勒从"命运死神"手中逃了出来！1985 年，克莱斯勒公司在世界汽车制造公司的排名榜中跃居第五位。1986 年，克莱斯勒公司的股票涨到每股 47 美元，6 年来其股息增长了 860%，雄踞 500 家大公司的榜首。

艾柯卡正是凭借自己坚强的意志力才将心中的愿望化为现实，建功立业。当福特暗地里对他玩弄权术，羞辱他，甚至迫使他离职的时候，艾柯卡为了自己深爱的汽车事业，所表现出来的那种强大的意志力和想要成功的欲望一直支撑着他，直到强加在自己头上的莫须有的罪名使他实在是忍无可忍时，才毅然离开。

而这个时候，艾柯卡可能需要别人的理解，别人的同情，但是他认为自己更需要一个机会，需要一个重新证明自己所选择的道路是正确的机会。

也就是这样，艾柯卡一直努力着，拼全力去做了。最后，他等到了。

所以，我们深信不疑意志力和欲望结合，就会产生不屈服的信心。其实，大人物与小人物、强者与弱者之间最大的差异就在于其意志的力量，即所向无敌的决心。而很多商人之所以能够成功就在于他们不达目标决不放弃。

5. 走头无路找机遇

———— 赢在三秒钟 ————

现如今你的生活之所以毫无希望，也许就是因为你没有勇气推开那扇虚掩的门。那么，你与其坐着无动于衷，为什么不推一下试试呢？说不定你会在那扇门的背后发现另一个美丽的世界。

有时候，上帝总是喜欢和我们开玩笑。它会让你奔命地跑过一个又一个隘口，然后让你在前有虎狼、后有追兵的绝境中看到一扇看起来好像大门紧锁，实际上去虚掩着的门。

当你在绞尽脑汁、犹豫不决的时候，上帝也许还会站在你头顶偷笑；当你不幸被困境扼杀的时候，上帝也只好发出一声无奈的哀叹，然后摸着脑门说："其实那扇门是虚掩着的。"

第五章 祸福之间掌控机遇

是的，上帝并不邪恶，他很善良，当他让你身处险境的时候也必定会给你逃脱的机会，甚至还会让你获得意外的惊喜，但是这一切都需要看你自己对待险境的态度了。

曾经在一片草原上住着一群羊和一群狼。羊经常被狼吃掉，可是并没有一只羊站起来反抗。它们都认为，自己被狼吃掉是天经地义的事情。

直到有一天，一只小羊问其他的羊："为什么羊要被狼吃掉？羊可不可以不被狼吃？"第一只羊说："自古以来就是这样。"第二只羊说："因为狼比我们聪明。"第三只羊说："狼比我们跑得快，也比我们合群。"第四只羊说："狼比我们学得快，也学得好，我们永远不可能赶上它。"

这只小羊很不服气，反复思考之后，它终于明白：只要学得比狼快，比狼好，就不会被吃掉，而且这也是可以通过努力做得到的。于是，它召集所有的羊开会，把它的研究结果告诉所有的羊，并号召大家一起练习快跑。

后来，小羊又发现狼不会游泳。于是，它又组织羊群在居住地周围挖出一条护城河，从此这群羊过上了幸福快乐的生活。

大部分人都有这样的想法，认为很多事是自然规律，是难以改变的。所以，一遇到类似的事情就不想着去尝试，认为这种情况是无法改变的，这其实也就是他们经常失败的原因。

记得在墨西哥奥运会的百米赛道上，美国选手吉·海因斯撞线后，计时器打出 9.95 秒的字样，而他也成为了历史上第一个在百米赛道上跑进 10 秒的人。这个时候，只见吉·海因斯摊开双手自言自语地说了一句话。当时这一情景通过电视至少让全球好几亿人看到了，可是由于当时他身边没有话筒，吉·海因斯到底说了一句什么话，谁都不知道。

当时一位记者在看到那个镜头后，认为吉·海因斯在那一刻一定说了一句不同凡响的话。所以，他决定去采访吉·海因斯，问他当时到底说了句什么话。

结果那位体育记者很快找到了吉·海因斯。当他提起那件事时，吉·海因斯一头雾水，于是记者播放了带去的录像带。吉·海因斯看完之后笑了，他说："难道你没听见吗？我说，上帝啊！那扇门原来虚掩着。"

吉·海因斯的那句话最后确实给人留下了深深的启迪。在这个世界上，只要你真正付出了，就会发现有许多扇门都是虚掩着的。所以，在任何情况下我们都不要放弃希望，坚持下去，奇迹也许就会出现。

美国曾经有一位著名的女画家给后人留下许多宝贵的作品，但是谁曾想在她年近花甲的时候，居然丈夫要和她离婚，家人也开始看不起她，不愿意照顾她。就这样，在万般无奈之下，她领着孩子们到了夏威夷的一个岛上。在那里，她给别人打过工，而且还因为饥饿而昏厥，如此恶劣的生存环境和困窘让她几乎绝望。

有一天，一次偶然的机会，她拿起了画笔，并试着把她的作品拿出去卖，最后她的作品刚一上市就被抢购一空，而这一切她自己都不敢相信，从那以后，她开始努力作画，逐渐摆脱了生活的绝境。

一个人如果遇到坏运气，很容易丧失斗志、一蹶不振。但是如果你能够努力争取，坚持到最后，一定会有云开雾散的那一天。没有谁可以一帆风顺地走过自己的一生，必然会经历各种挫折。站在那扇门面前就不要犹豫，无论那扇门是否上了锁，你都应该推一下试试，做一次努力又有什么不可以呢？

6. 感觉危机及时转化

-----赢在三秒钟-----

大到国家、企业，小到人生的不同阶段，都有可能遇到不同程度、不同类型的各种危机。例如，火灾、车祸、生产事故、空难、疾病、洪水等，这些都可以算做是危机。

我们不能轻视危机，因为危机可以让一个国家、企业或个人陷入困境，会引发一连串的连锁反应，甚至给人类带来空前的灾难。

当你遇到困难的时候，如果你有一种渡过难关的决心和勇气，那么就一定会想出适当的办法，也能够妥善地改变情况和危机，朝着有利于自己的方向发展。

什么是危机呢？就是指那些不能够提前得知的何时、何地、以何种方式出现的、具有不确定因素的突发事件。

如何渡过危机，现在已经成为了摆在我们每一个人面前的新课题。而在灾难时刻，化险为夷、变危机为转机更是对我们每一个人的严峻考验。对大部分人来说，应付变局和危机很明显并不是一件容易的事情，需要我们通过一些方法和策略。

自从防腐剂问世以来，由于它能够保持食品的鲜度，让食品能够长久存放，不会腐败，所以在食品中添加防腐剂已成为食品业界一种天经地义的惯例。

为了保证产品质量，对消费者的健康负责，亨利食品加工公司当时有一个规定：在食品中放入任何添加剂都必须经过公司研究室专家们的化验鉴定，证明对人体无害后才能投入生产。

在众多的添加剂当中，防腐剂也不例外，但亨利食品加工公司经过专家化验鉴定，证明这种在食品工业界无所不在的东西竟然是有毒的，对人体有害，虽然它不会致人于死地，但人们如果长期食用下去，其后果也是严重的。

当时亨利食品加工公司的总经理亨利·霍金士知道这件事情之后，决定向全社会宣布。公司的同事们都劝亨利·霍金士要谨慎行事，不要向社会公布。因为他们认为，用不用防腐剂完全是职业道德的问题，如果向消费者公开宣布防腐剂有毒，那么其他厂商的产品销路一定会衰落下来，这样他们就会把什么都怪罪于亨利食品加工公司，可想后果是多么严重。但是亨利·霍金士为了维护消费者的利益，不惜与全行业人对抗，他毅然向社会公布了化验结果。

亨利·霍金士宣布防腐剂有害之后，形势的发展比他预料的还要坏，所有从事食品加工业的经理、老板们都联合起来，利用一切手段向亨利·霍金士反扑过来。他们串通一气，联合抵制亨利食品加工公司的产品。

而当时最凶狠的一招就是他们推出大批的廉价产品，把亨利·霍金士的产品挤出市场。在这一强大攻势的打击下，亨利食品加工公司的产品销路大减，损失惨重，甚至最后到了濒临倒闭的边缘。

尽管这样，亨利·霍金士仍然是毫不屈服，他一面坚持在自己的产品中不加防腐剂，一面上下活动，促使政府立法，这一场防腐剂之争。

最后经过亨利·霍金士持续了4年的努力，美国政府终于制定了食品法，而亨利·霍金士也获得了最后的胜利。

之后，亨利·霍金士注重产品质量，维护消费者利益的事情可以说是家喻户晓，人人皆知。而他的产品马上成了热门货，在很短的时间内,亨利食品加工公司不仅恢复了原来的销售规模,而且扩大了两倍,产量也翻了数番,登上了美国食品加工业的第一把交椅。

可见,不论你遇到什么样的险境,不论你现在是什么身份,你都有重新安排生活的权利。你可能会对自己的能力产生怀疑,但是如果你有渡过难关的决心和毅力,就一定会想出适当的办法,这样你就能够战胜自己的一切心理障碍,把危机转化成机遇。

7. 风险有多大,成功的机会就有多大

赢在三秒钟

俗话说:"机不可失,时不再来。"当机遇来临的时候,同样会带着一定的风险,因为风险永远都是客观存在的,做任何事情都有两种结果,成功和失败,只是风险大小不同而已。

风险和成功的机遇其实是相等的。机遇是人人都可以获得的,如果你不善于冒险,那么你可能就会经常失去机遇。

在成功的道路上总是充满了坎坷,生活就好像是一场难以捉摸的戏剧,总会有不完美的地方。要想自由遨游于波涛汹涌的人生大海当中,冒险的精神和勇气是必不可少的。

而且有的人甚至认为,冒险是成功的主要因素,还是致富的重要心理条件。对于经商的人来说,生意本身就是一种战胜他人、赢得胜利的严峻挑战,所以许多商界成功人士都有强烈的冒险意识,他们的成功大多得益于自己曾经的冒险行为。

冒险越大，赚钱的机会就越多，这其实是商家崇尚的一条经典法则，特别是对于一个比较新兴的市场领域，作为一名开拓者，所需要冒的风险就更大，但是一旦获得成功，那么所获得的财富自然也是不可估量的。

"华纳四兄弟"就是敢于冒险和充满挑战精神的人，他们更是电影界的骄子。"华纳四兄弟"的父亲是一个补锅匠，生活并不富裕。华纳兄弟不甘沉溺于现状，于是在1904年开始接触电影，合伙买了一架放映机。

八年之后，他们迁居美国，在电影界几经失败，但是仍然坚持着。就是经历了这样的大起大落，华纳四兄弟在十五年之后，他们终于成功摄制了《爵士歌手》，这是电影史上第一部有声电影。从此他们的影片公司蜚声全球，他们的财富滚滚而来。

所以说，富人都是冒险家。当然，也可以叫做"风险管理者"。当一次风险管理者，有可能会获得成功，但是如果不敢触及风险，那么就永远都没有成功的机会。

现如今的社会当中，巨大的投资就意味着要冒巨大的风险。风险的大小和收益的绝对值同时也是成正比的。

20世纪上半叶，石油界最走运的亿万富翁保罗·盖蒂，早期所走的道路也并不顺利。他曾经想过当作家、外交家，后来却又深深被石油业所吸引，于是他改变了主攻方向，决定到石油这个未知的领域里去冒险。

通过自己的努力和父亲的帮助，他有了一定的经济实力，虽然保罗·盖蒂做事稳妥，也不缺乏勇气，可是前几次行动，他最终还是以彻底失败而告终。

但是，值得庆幸的是保罗·盖蒂的冒险精神从没有减弱过，最终在1916年，他碰上了第一口为他打下幸运基础的高产油井，那一年他才

23 岁，从那以后，他的事业就平步青云了。

保罗·盖蒂的成功里很明显存在着一种机遇成分，甚至你可能会觉得这是运气，但是如果保罗·盖蒂放弃自己的冒险，不再坚持，那么机遇如何能够被他抓住呢？

孔子说过"三思而后行"。一个人在做出某种选择之前，往往喜欢权衡一下利弊，这显然是无可厚非的，但是如果有太多的顾虑，那么就会让机遇白白流失，平时倒是那些果断而迅速作出决定，立即行动的人，才更容易抓住机遇。

记得曾经有一位法国作家说过："要想发现新大陆，必须先离开海岸。"现实也的确如此，风险与机遇是等值的，风险有多大，成功的机遇就有多大。所以，我们要让自己勇敢些，该冒险的时候就不要退缩，因为冒险并不是盲目自大，更不等于鲁莽行事，冒险是我们经过深思熟虑后所作出的一种勇敢而正确的选择。

8. 别让坏运气打垮你

―――――― 赢在三秒钟 ――――――

当我们转变自己的想法时，就可以驱除坏运气给我们带来的负面情绪。如果让负面思考及恐惧侵蚀你的心灵，那么只会让整个世界就剩下自我怀疑和恐慌而已。可是，一旦我们懂得如何控制自己的负面态度，不让其扩大，便也学会了正面思考，使我们化不可能为可能。

美国著名作家卡文·库利吉说过这样一句话："世界上没有什么东

西可以代替坚持不懈。聪明不能，因为世界上失败的聪明人太多了；天赋也不能，因为没有毅力的天赋，只不过是空想；教育也不能，因为世界上到处都可以见到受过高等教育的人半途而废。如今，只有决心和坚持不懈才是万能的。"也正是这样一句话，道出了坚持的重要性。

那么我们该如何去看待坏运气呢？不可否认，坏运气会直接影响到我们的行动力，导致我们的成功或失败。

当挫折摆在眼前的时候，就已经成为了一个残酷的事实。你除了接受它之外，另外该做的事情，就是把它转化成为一种动力，让自己撑着它，攀上更高的山峰。

特别是对于刚刚进入社会的年轻人来说，他们在寻找工作的时候，总会因为资历、相关工作经验的缺乏，或者是所学与想从事的职业不同而碰壁。

小高一心想往广告界发展，可是他向很多广告公司投递简历，却得不到一家公司的青睐。不甘心之余，小高决定打电话去问清楚。可能就是因为他的这种自信，使他获得了工作机会，后来成为传媒界的杰出人士。

现如今，小高谈起当年自己的经历时说："我觉得我自己是属于传媒界的人，于是我写信到各大广告公司毛遂自荐，哪怕是倒水、清垃圾都无所谓，只要给我机会。"

还有一位知名的演员，当初在大学快毕业的时候，她决心进入演艺圈，可是由于缺乏相关背景，她迟迟不知该如何打开演艺圈这扇大门。后来她决心去拍些照片，四处散发，以达到自我宣传的效果，最后她获得了成功。

其实，当我们在找不到工作的时候，都会感到迷茫或者沮丧，但是有的人会一直沉浸在迷茫和沮丧当中不能自拔，而另外一种人会想尽办法摆脱困境。

第五章 祸福之间掌控机遇

曾经有一位任职多年的人力资源公司主管在谈到自己这么多年的工作经验时深有感触地说:"遇到问题我们应该冷静下来,总是会想出解决问题的办法的,许多人都是这样走过来的。即使做不好,也比什么都不做强。"

有个叫"草莓族"的称号是形容20世纪六七十年代出生的人。之所以他们会得到这个称号,就是因为他们在工作中总是表现出消极的态度,每当遇到挫折时就选择放弃,他们就好像草莓一样,虽然拥有鲜艳的外表,但是只要轻轻一压,整个形状就被破坏了。

造成这些的最根本原因,就是他们缺乏处理失败的应变能力,不懂得换个角度来改变自己对失败的想法。

曾经有一位业务员按照惯例去拜访一家公司,但是他这次运气似乎不太好,被拒之门外,只好把自己的名片交给秘书,希望能和董事长见面。

秘书看他十分诚恳,便帮他把名片交给了董事长。可是不出这位业务员所料,董事长不耐烦地把名片丢回去。很无奈地,秘书只得把名片还给站在门外的业务员。业务员并不气馁,再把名片递给秘书说:"没关系,我下次再来拜访,所以还是请董事长留下名片。"

秘书拗不过业务员的坚持,只好硬着头皮再次走进办公室。没想到董事长这时火了,将名片一撒两半,丢回给秘书。秘书不知所措地愣在当场,董事长更生气了,从口袋里拿出10元钱,对秘书说:"10元钱买他一张名片,够了吧!"岂知当秘书把撕坏的名片和10元钱递给业务员后,业务员很开心地高声说:"请你跟董事长说,10元钱可以买两张我的名片,我还欠他一张。"随即又掏出一张名片交给秘书。突然,办公室里传来一阵大笑,董事长走了出来,说道:"不跟这样的业务员谈生意,我还跟谁谈?"

拒绝是每一位业务员都会碰到的场景,如果不能够坚持下来,调整好自己的心态，即便超级业务员也有倒地不起的一天。

可是那些能够从别人设下的困局中逃脱的人，都有一个本事，就是逆向思考。当你不顺着设局者的逻辑思考时，你才能使出自己的招，去破解对方的招数。不管你说这是阿Q精神也好，通常只有这样也才能成为一个主宰大局的人。

一个在金融界工作的人，当他刚开始进入公司做基金研究员的时候不知为什么，主管老是看他不顺眼，比如主管会邀请大家下班后一起吃火锅，但是就是不叫他。而他替自己打气的方法是去饭店吃高级火锅，他想这比主管还享受！没有想到主管本来要给他难堪，他却过得比主管更得意！工作上，主管总是分配给他的基金老是一些冷门的投资项目，业绩上很难有所突破，可是他并不生气。

但是现在，他在另一家公司的行销企划部是如鱼得水，他说："多亏那个主管以前那样对我，否则我现在只能做研究分析员。他的态度逼我走出另一条路，真得感谢他的造就。"

在生活或者工作中，哪怕是最令人难堪的事情，只要是朝着正确的方向前进，都会成为好事。困难在眼前，我们只能选择接受它，战胜它。

第六章
"吃饱喝足"迎接机遇

我们每个人积极去追求机遇是没有错的,因为机遇稍纵即逝,不去主动追求,就会白白错失。但是,在追求机遇的过程中,我们也不能急于求成。正所谓"欲速则不达",假如我们自身的条件还不够成熟,那么如此慌张地去抓机遇,即使到手之后也是难以利用的。所以,对于机遇的把握,一定要根据自身条件,做好充分的准备。如果现在条件不成熟,那么不妨耐心等待一下。

1. 机遇只垂青于有准备的头脑

赢在三秒钟

俗话说:"台上一分钟,台下十年功。"就是在告诉人们,要想取得好成绩,平时就要多练习,因为好成绩都是来自于日常的刻苦钻研。没有真才实学,又不懂得勤奋的人根本就没有资格去谈机会,因为他们没有把握机会与利用机会的能力,机会对于他们永远都是奢侈品。

记得爱因斯坦曾经说过:"机会只偏爱有准备的头脑。"而爱因斯坦所说的"准备"主要指两个方面,第一就是知识的积累。如果一个人没有广博而精深的知识,那么想要发现和捕捉到机遇也是非常不容易的。第二,就是思维方法的准备。一个人仅仅具备知识也是远远不够的,还需要拥有现代的思维方式,如果没有这种方式,你也看不到任何机会。

当年鲁班被茅草划破了手指,从中得到了启发,于是发明了锯;牛顿看见苹果落在地上,从而触发了他的灵感,发现了万有引力。这样的例子还有很多,其实他们平时都是既有知识的积累,又具有灵活的思维方式。如果他们不是这样的话,可能就会像李比希那样错过了发现新元素"溴"一样,最后只能够遗憾终身。

在实际生活中,大多数人的生命之所以卑微和渺小,原因就在于他们对于自己的生命所下的资本太少了。

中国有句俗话:"平时不烧香急时抱佛脚"。如果你平时不培养自

第六章 "吃饱喝足"迎接机遇

己的能力,真的哪一天需要的时候,你就会一筹莫展了。不管什么事情只要我们多做一分准备,就能够获得多一分的保障,因为只有未雨绸缪才能够把我们所受到的伤害降到最低。

其实人生的经营是多方面的,不管是在工作中,还是在学习中,交友中等各个方面都需要做全面的管理,千万不要把你的焦点放在一个单一的问题上,这样你就目光短浅了。有一位伟大的哲学家说过:"人生必须用远距离、宽视野、长时间的历史学家的眼光来看。"

是的,人生的储蓄和准备就好像是银行的存款,如果你不愿意把钱存进去,那么你自然就不能从银行取钱了。如果你不愿意在你的生命中放进去什么,那么你自然也无法从生命里取出东西,这其实是非常公平的。

现实生活中总有人抱怨世道不公,其实机会是有亲和力的,它总是喜欢那些做好准备的人,而也只有那些有着充分心理准备和必要的物质准备的人,才能够成为机遇的把握者。

周瑞这位北京小伙子,在自己刚刚过完30岁生日的时候就被美国的一家计算机公司给看中了,让他出任北京办事处的首席代表,也就是中国地区的总经理。这对于30岁的年轻人来说真是非常不错的机遇。

可是在此之前,周瑞只不过是该公司北京办事处的一名普通的员工,而当时这家公司已经准备撤销在中国的办事处了。可是他真的非常幸运,在1999年12月底,正好在他考虑如何走自己下一步的时候,公司总部却招他去开会。

为什么公司总部要把他召回去开会呢?因为他的领导听说中国办事处要撤销了,所以已经辞职另谋高就了;还有一个原因是因为周瑞在公司总部领导眼中留下了深刻的印象。

结果周瑞就拿着笔记本电脑坐上了飞往美国的飞机,而对于会议的内容和参会人员任何信息都不知道。周瑞心里也没有底,他在飞机上一直琢磨着，经过10多个小时的飞行，他到达了美国的机场，而且在飞机上的10多个小时，他已经做出了公司未来两年在中国的发展计划。

这份计划的完成是不容易的，这与周瑞平时养成的喜欢积累心得体会的习惯是分不开的，因为周瑞认为，即使和别人做一件相同的事情的时候，也能够从中得到和别人不一样的收获。

就在开会前五分钟，周瑞被要求在公司总部会议上发言，结果周瑞就把自己为公司未来做出的中国发展计划展示给了公司的总裁。

正是由于周瑞的发言，改变了公司年收入60亿美元的决策，当然也给自己带来了新的机会。公司决定不仅不撤销在中国的办事处，而且还要加强在中国的发展，并且总公司对周瑞委以重任。

周瑞正是在关键的时刻，取得了胜利，同时也让他明白，机会从来都只是青睐那些有准备头脑的人。

在很多人的眼中，总是把别人的成功看成是一种偶然的机会，是运气。他们之所以这么认为，是因为他们根本就没有看到别人平时所下的工夫，他们总是在奢求好运气哪一天能降临到自己的头上。

我们想想周瑞如果平时没有充分的积累，他怎么能够在飞行的过程中做出公司未来两年在中国发展的计划？怎么能够最后说服公司收回撤销中国办事处的决定？

可能在过去的很长时间你一直在等待成功的机会，结果自己失去了很多宝贵的时间，还是没有等到机会的来临。那么从今天开始，你在等候的同时也开始做好准备吧，让自己保持一种最佳的状态，以便当机会出现的时候可以紧紧抓住它。

2. 人品好，机遇到

―――― 赢在三秒钟 ――――

好人品带来好机遇，正如培根所说："一方面，幸运与偶然性有关，例如，长相漂亮，机缘凑巧等；另一方面，人能否幸运又决定于自身。一个人如果具有许多细小的优良素质，最终都可能成为带来幸运的机遇。"

一般来说，那些善于抓住机遇的人往往不是见风使舵、夸夸其谈的人，他们总是喜欢关心他人、为人诚恳、努力肯干、始终如一、拥有智慧，也正是由于他们有如此出色的品质和卓越的才能，机遇才会降落在他们的头上。

上海杨浦区的史小虎、蔡美英夫妇正是由于诚实的品格，最后才改变了自己的命运，也因此才一步步从经营饭店走上了涉外商贸，最终成为了有名的企业家。

1987年，经济大潮涌动全国，史小虎和妻子蔡美英也双双辞掉了公职，开了一家熟食店，取名"梅莺饭店"。

由于蔡美英有一手祖传的烧三黄鸡的绝活，所以当时上海人都非常喜欢来她这里吃这道招牌菜，小店的生意自然也很红火。

有一天，两位船员带了7位同胞来喝小店的冰冻啤酒。而且一连8天他们频频光顾小店。每次来史小虎一面是笑脸相迎，另一面是在心里叫苦不迭。

原来船员进店以后只是喝啤酒，从来不点菜，几个人就这样坐在桌前边喝啤酒边聊天，一聊就是半天，很多想吃的客人看见小店没有位置就去别的地方了。

其实，对于这样的小店来说，光卖啤酒基本上是没什么利润的，结果饭店的赢利是一落千丈。史小虎见妻子一脸的沮丧，平静地说："做生意就好像是在做人，这些人大老远来到咱小店，怎么说也是客人，咱们总不能把他们拒之门外吧？"

就这样又过了几天，结果有一天晚上，在这群喝啤酒的人里面走出来一位胖子，他拍了拍史小虎的肩膀，还把他拉起进了厨房，开始指指点点教他做海鲜烩饭、香脆蒜片虾。等这些菜端上来以后，这些人一边大口喝啤酒，一边竖起大拇指，对史小虎的手艺表示赞扬。这个时候史小虎才明白怎么回事，"原来他们是吃不惯中国菜！"

当史小虎看到这群人把桌上的饭菜一口气吃了个精光，从未做过"西洋菜"的史小虎心里甭提有多高兴。

结果在送走船员以后，史小虎便急忙买来西餐菜谱，边看边试验，很快学会了炸土豆条、什锦炒饭、炸猪排等"西洋菜"。

没想到，在这之后，船员几乎每天都要分成五批来到他们的小店吃饭。当时由于来就餐的这些海员们大多带着为回国采购的大包小包很多东西，没有地方堆放，史小虎索性把销路很好的"三黄鸡"熟食间拆改了，成为了行李间，虽然眼前的利润少些，但他们感觉这么做值得。

之后，通过海员之间相互转告，一批批的海员来到上海之后，就直奔梅莺饭店。

一时间小店真是门庭若市，船员为史小虎夫妇带来了滚滚利润。

可见，一个人的品德是多么的重要，特别是现如今市场经济条件下，诚信经营更是难能可贵，一个人如果仅仅有着优秀的做事能力，但是却没有一个良好的品德，那么他想要获得成功也是非常困难的。

3. 良好习惯会带来更多的机遇

―― 赢在三秒钟 ――

奥里森·马登把好习惯归纳为四种：守时、守信、坚定、迅捷。一个人如果没有守时习惯，那么他就会浪费时间，耗费生命；如果一个人没有守信的习惯，那么他就会失去别人的信任；如果一个人没有坚定的习惯，就无法把事情坚持到成功的那一天，他永远都会与失败做伴；如果一个人没有迅捷的习惯，那么机遇就会与你擦肩而过，可能永远不会再来。

詹姆斯·佩吉特曾经说过，一个成熟的音乐家在弹钢琴的时候，每秒钟可以弹出 24 个音节。当他在弹奏每个音节的时候，指令会通过神经从大脑传到手指，再从手指传回大脑。而且每一个节奏都要求手指要做出三个动作：弯曲、抬高以及至少左右移动一下。

所以，这么算来，手指一秒钟需要活动至少 72 下，这每一下对于音乐家来说都是本能的，因为他已经养成了良好的习惯。在习惯力量的趋势下，手指就能够随时以适当的速度和力度来敲击琴键。

由此看来，习惯对一个人的影响是巨大的，可是一种不好的习惯，却能够影响很多人不自觉地作出一些让自己都感到困惑的事情来。

曾经有一位水手离开了海上的生活之后，过上了舒适而悠闲的田园生活，可是他这么多年以来，已经习惯了在甲板上面，现如今一旦到了开阔的地方，他反而感到非常的郁闷和别扭。于是，他自己又建造了一座船型的假山，山顶就好像是船上的甲板，结果他整天就在这"甲板"上面走来走去。

还有一个叫乔治·斯托顿的人，他是一名爵士。有一天他去看望一名杀人犯。为了能够挽救这名杀人犯的生命，又能让他记住自己所犯下的罪行，这座监狱对他实行了极其严酷的刑罚，让他睡在一张特制的床上七年之久。

这张床铺满了很多刺类植物，这种植物会扎得人很难受，但是却不会扎破人的皮肤。当时乔治·斯托顿去看望这名杀人犯的时候，他已经在这张床上躺了五年。结果这名杀人犯的皮肤已经变得疙疙瘩瘩的，再也没有半点光滑的地方。而让乔治·斯托顿感到很惊讶的是，他已经能够安然地在这张特制的床上入睡了。

最后等到这名罪犯刑满释放之后，他竟然为自己定做了一张这样的床。

可见，某些让你觉得痛苦不堪的事情，当你忍受过一段时间之后，你就能够安然享受了，而这就是习惯的力量。

习惯无时无刻不在影响着我们的生活。好习惯将成为我们身上一种坚定不移的高贵品质，而不良习惯，则会毒害我们的心灵，对我们的人生产生极坏的影响。

有人说："要使自制成为习惯，放任则是可恨的；要使谨慎成为习惯，鲁莽则有悖于人的美好天性，就好像是犯了严重的错误一样。"

其实，我们每个人的人生要么是一幅伟大的作品，要么就是糟糕一团。因为我们每个人各种习惯的养成无非取决于两方面，一是精心培育，一是放任自由。现实中，当有的人发现和自己关系一直很好的朋友突然有一天不理自己了，与自己疏远了，你可能做梦都想不到这可是你喜欢撒谎的习惯造成的。可是当你意识到的时候，你已经撒谎了。

第六章 "吃饱喝足"迎接机遇

现在一些学识渊博,才华横溢的人总是会感到奇怪:为什么自己这么优秀,人生可能并不如意。原因就在于他们还没有意识到自己身上可能存在一些让别人讨厌的坏习惯。

你想想,一个有着高尚的道德,良好生活习惯的人,谁不愿意去和他交往呢?哪怕他的长相并不出众,甚至身材存在残疾,但是他只要有良好的习惯,那么他仍然会遇到好的机遇,成就自己的人生。

著名的金融家乔治·皮博迪在年轻的时候曾经在一家商店当售货员。有一天,他接待了一位前来购物的老太太,可是老太太需要的东西,当时在乔治·皮博迪的店中并没有找到。于是乔治·皮博迪非常诚恳地向老太太道歉,并且又亲自领着老太太到其他商店去寻找,最后终于帮老太太找到了。

结果就是这件事情让老太太感动了一辈子,在她去世之前,还在遗言中提到了这件事情,并且对当年乔治·皮博迪的优秀行为进行了报答。

而事实上,我们今天所做的事情无非就是对昨天的重复,除非你有着非凡的意志力,能够下定决心去改变,不然的话,你会发现一切都是在重复着昨天。凡是希望自己能够抓住人生机遇,获得成功的人,就应该对自己平时的习惯做一个深刻的检讨,把那些不利于你成功的恶习找出来,要敢于承认自己身上存在着不良习惯,千万不要找借口去逃避坏习惯。

只有当你把它们找出来,记下来,才能够知道日后应该怎么去改正,而你如果能够持之以恒地纠正坏习惯,那么你就一定会得到巨大的收获。

4. 迎接机遇不可空手，要有资本

―― 赢在三秒钟 ――

在人的一生中，我们的各种优秀的品质会跟随自己一生。它们就好像是一颗颗的种子，深深地埋在了我们每个人的心中。而对于那些被命运所征服的人，就是因为他们没有让心中的种子发芽、成长。而那些能够战胜命运的人，就是由于他们可以让这些种子在心中更好地生长起来。

只要是去过黄石公园的人，都会记得，在那里有一片非常茂密的松树林，而最常见的一种松树名称就是"屋梁松"。由于这种树木的树干笔直，所以它非常适合用来做房梁。而且这种松树上面的松塔可以在树上挂好几年也不会掉落下来，只有在它遇到高温的时候，松塔才会裂开，把种子释放出来。

当春天快要到来的时候，万物开始复苏，几乎所有花草树木的种子都开始生根发芽了，而只有这种屋梁松的种子毫无动静，仍然在松塔里。

假如让你变成一颗屋梁松的种子，你是不是觉得命运对于自己很不公平呢，让自己被埋没这么长时间，也不能生根发芽呢？其实，这仅仅只是大自然所设计的秘密而已。

有一年的夏天，在一个地方发生了森林火灾。大火很快就吞噬掉了一整片的森林。而屋梁松也被这突如其来的大火所包围着。就这样松塔

第六章 "吃饱喝足"迎接机遇

终于裂开了，储备已久的种子也终于可以释放出来了，由于这些种子都有着厚厚的皮保护，所以没有被大火烧掉。

十几天过去了，熊熊的大火终于熄灭了，而森林也变成了一片灰烬。这个时候的土壤是非常肥沃的，再加上阳光和水分非常充足，结果屋梁松的种子很快就生根发芽了。

到了第二年，它们已经在漫山遍野张开了。所以在那一带别的树木总是不容易看到，因为每次大火的时候，其他的树木由于不会存储种子，只能无奈地等待着大火将它们烧毁，而屋梁松则好像充满了智慧，它有了先见之明，储藏了种子，以至于能够延续自己的后代。

渐渐地，屋梁松成为了黄石公园里一道独特而亮丽的风景线，因为漫山遍野都是它们的后代。而之所以能够有这一切，靠的就是那些松塔。虽然在平时它们限制了种子的生长，但却为它们的未来换得了长久的光明。

屋梁松的种子能够在其他植物的种子都生根发芽的时候，不急不躁，耐得住寂寞，始终为自己积蓄力量，等待最为关键的时刻才进行绽放。为此它也比其他的植物更善于应对突发事件的袭击，更加具备顽强的生命力。它们正是用长时间的积蓄力量换来了自己长时间生长和存活的机会。

同样的道理，我们每一个人要想成就自我，这必定不是一件容易的事情，它也需要我们耐得住寂寞，需要我们能够保持一种坚强，需要我们做好各种准备，因为，机遇永远都属于有准备的人。

曾经有这样一户人家，他们在战争年代被迫流落到了乡下，当朋友们为他们送行的时候，大家都很担心他们。因为他们虽然满脑子都是学问，但是从来没有做过农活，他们这样到了农村如何生存呢？

但是，人们从这户人家的眼睛中却看不出有丝毫的绝望与痛苦。

许多年之后，战争结束了，朋友们又想起了这家人，于是决定去乡下看看他们。朋友们都认为，他们一家人一定过得很惨，于是就买了很多实用的东西，大包小包给他们带去。

汽车在颠簸的路上行驶着，不久就来到了一个偏僻的村庄，当走进那户人家的时候，眼前的一切让他们惊呆了。只见一张木桌上，有刚刚泡好的茶，他们一家人：丈夫、妻子、儿子、女儿，手中各捧着一本书，正在认真地读着。

朋友们都知道，以前在城里的时候，这个家庭的男主人就有一个习惯：每天午后，妻子会为丈夫泡茶，丈夫在茶香中捧着书，坐在窗边，静静地读书。

可是没想到已经过去了这么多年，在这个落后的村庄里，男主人依然保持着这个习惯，很显然，艰苦的生活并没有把他们打倒。

随后，这一家人又回到了城里，而男主人做了某所大学的教授，而他的儿子和女儿纷纷出国留学。

这篇故事中的男主人，不论生活有多么艰难，他依然保持着自己午后看书的良好习惯。而最后他那颗"坚持"的种子，也为他带来了成功。

当我们发现时机还没有成熟的时候，千万不要抱怨上帝对我们不公平，更不要懊恼自己所处的环境对自己不利，这个时候我们应该好好想一想屋梁松的松塔，让自己尽可能地积蓄力量，等到时机成熟的时候，能够破壳而出，成为困境中的第一株"屋梁松"。

5. 机遇打不垮心理素质好的人

—— 赢在三秒钟 ——

现实生活中，让我们看看周围，仔细观察那些成功的人物，你就会发现，他们其中很多人都能够在遇到各种问题的时候及时调整自己的心态，改变自己来适应不同的环境，假如这些成功的人士不这样做的话，他们也同样会在过度紧张的压力下造成精神崩溃的。

一个人是否具备良好的心理状态是让其能否把握住机遇的重要因素。每个人的事业成败与他自己的努力固然是分不开的，但是努力还是需要在良好的个人环境中进行的。

在现实生活中，有的人付出了许多的汗水到头来却功亏一篑，由于他们除了毅力不足之外，还有就是心理的承受力超过了限度，担负不了最后的冲刺，结果让眼看到手的机遇与自己失之交臂了。

良好的心理状态对于把握机遇很重要，而成功的心理状态更是可以让你在瞄准机遇的同时，又能够果断而大胆地采取有效行动，这种坚定不移的态度会让你在行动的时候能够正确地判断、决策、实施，最终达到目标。

怀斯曼教授曾经说过："自认为缺乏运气的人在所谓的不吉利的日子里会感觉精神紧张，心理压力大，出门时开车技术也会下降，随时可能走神，发生交通事故的可能性大大增加。"

那些做事情焦虑的人在遇到突发事件的时候就容易惊慌失措，不懂得随机应变，即使在他们的身边有机遇出现，他们也根本发现不了，所以说，一个人经常错失机遇往往是他自身行为的结果。一个人懒散而无准备心态有的时候与沉重的患得患失心态是一样的，都无法把握住机遇。

而且更为重要的是，他们都具有成功人士的良好心态，也就是我们经常说的成功心态。美国著名连锁店的创始人潘尼曾经对卡耐基说："即使失去我所有财产，我也不会烦恼。我觉得那种情况对我起不到任何作用。我的责任是尽全力做好工作，最后的结局只能靠上帝了。"遇到困难或者是挫折时，我们一定要从一种全新的角度来看待问题、思考问题，从而激发自己行动起来。成功人士的与众不同之处就在于他们的生活态度与那些失败的人不同，因为成功的人士时刻都会为机遇做好准备，长时间以来他们养成了利用机遇的好习惯。

成功的人懂得自己应该如何应对各种意外情况，他们会经过认真地分析和判断，作出正确的选择。

他们在做任何事情的时候，总是有着很强的意识去吸收信息，从而提高直觉的准确性。因此，他们的行动可能在表面上看起来非常有风险，但是事实上，他们的行为是在一种明确的成功可能性的指导下进行的，所以，事情的发展情况往往会在他们的控制之中。

在观察事物的时候，成功的人往往对那些普通人只喜欢看一眼的东西会多看上几眼，以便从中发现问题，寻找出能够让自己一次获得成功的机遇。

有的时候，普通人看到问题只觉得是一个问题，可是成功人士却善于把问题变成机遇，当然，在遇到强势的时候，他们也懂得在困难的形势下断然退却，不会干那些看不到前途的愚蠢事情。

可是，有的人往往因为控制不住自己的冲动情绪，由于自以为是，

第六章 "吃饱喝足"迎接机遇

甚至是无知，一意孤行，最后造成惨败，丢失了把握机遇的最佳时机。

曾经有一位美国总统的经济顾问，他原来是一个乐队萨克斯管的演奏者，为了能够让自己成为优秀的艺人，这位艺人曾经在纽约的音乐艺术学院花费了大量时间和精力进行学习。也就是在自己学习的过程中，他意识到自己在音乐方面的潜力很有限，因为无论自己怎样努力都不会有优秀的成就，最后，他经过深思熟虑，就毅然放弃了自己多年来的努力方向，重新选择了一门经济学，最后没想到还成功了，从此之后，他的事业发展迅速，除了给美国总统做经济顾问外，他还担任过联邦储备委员会主席。

真正成就大事业的人，都会有勇于面对失败和挫折的勇气，他们能够把握机遇，并且坚持下去，决不放弃。他们还能够通过有效地利用自己的决心来实现自己的人生目标。俗话说："失败的苦酒也是生活的一个组成部分，"而成功的人却懂得如何去品尝这杯苦酒。

6. 能力高低决定把握机遇的程度

赢在三秒钟

人性有很多的弱点，而其中有一点就是喜欢看低别人，抬高自己。这也就决定了一般人为博得别人青睐的时候，总是遵循由高到低亮出自己身份的顺序。而这在人与人的"短期交往"中可能是有效的，但是要想与别人长时间打交道，那么就必须在长期的工作实践中，让实力来为自己做证明。

151

当今的世界是一个强者胜，劣者汰的世界。社会竞争变得越来越激烈，不追求进步的人生存空间已经变得越来越小。而只有勇于进取的强者才能够在竞争中获取发展和机遇。

机遇往往是稍纵即逝，没有人不希望获得机遇，但是机遇却从来不会平均分配给每个人。在机遇面前，一个人的能力是非常重要的。其实能力也不一定是一成不变的，这还需要与自己的发展水平进行联系。成功的人总是相信自己的能力，特别是潜在能力，某个时候或许达不到某个目标，但是只要通过自己的努力，就一定能够实现，将不可能转化为可能，把自己的潜能扩展到极致。

辛普森从小就是一个残疾人，而最后却成为了跳远冠军；贝多芬是一个聋子，却成了大音乐家；弥尔顿是盲人，却成了大文豪。这样的例子真的是举不胜举。可以说这个世界是公平的，因为机遇只垂青努力进取的人，特别是将自身的潜能不断进行挖掘的强者。一个成功的人，永远相信自己的潜在能力是无可战胜的，谁也无法阻挡他们前进的道路。

机遇的把握胜数永远与能力成正比，一旦能力达到某种程度，事情就变得容易了。所以，挫折和失败并不可怕，可怕的是漠视自身存在的潜在能力。

有句俗语说得好"有网就不怕捕不到鱼"。其实，潜能给了我们每一个人真正的机遇。比利时"哈罗"啤酒厂销售总监林达是轰动欧洲的策划家，他在自己年轻的时候相貌平平又很贫穷，但他并不甘于自己的处境，发誓要做一个有为的男人。

他贷款承包厂里的销售任务，但是需要做广告宣传，可是手里又没有充裕的资金。就在林达苦心思索毫无结果的情况下，他来到城市的广场，想寻求一点灵感。

在漫步中，广场上撒尿的小英雄吸引住了他的视线，林达的脑瓜开始思考，他想到了一个最省钱的广告。第二天，路过广场的人们发现小英雄的尿变成了"哈罗"啤酒，全市老百姓都纷纷来看，而且媒体也是竞相报道，林达于是成了名人。

其实，林达的成功在于他的执著，不甘放弃，当然也在于他的策划能力。他充分利用了自己的想象力，把它变成了自己成功的武器。

一切成功的人，不仅能够挖掘出自己的某些潜在能力，还能够不断发展这些潜能、进一步提升它们，将它们转化为自己的才能并且越来越出众，最终将一个又一个机遇紧紧抓住。成败之间最大的区别，就在于对于能力的认识和运用上，失败的人任由自己受环境和外在条件摆布，听天由命；而成功的人却从来不气馁，即使环境条件再恶劣，自身条件再差，他们也决不放弃，总是会想尽各种办法克服、用后天的努力来进行弥补。

常言道，"打铁还要自身硬"，要想用实力证明自己，我们首先就要练就一身真正的本领。也正如古语所说："宁可备而未遇，不可遇而未备"，所以，要想抓住机遇，还是需要我们自己先练就一身真实的本领，拥有足够的实力。

7. 迎接机遇要有强烈的竞争意识

赢在三秒钟

竞争，可让你漂亮地完成工作，达到即定的目标。竞争是检验自己工作状态的一面镜子，通过这面镜子你可以清楚地看见自己做了哪些事，哪些事情没有做好，还存在什么不足，并且不断地进行纠正，而这样你才能为捕捉机遇做好充分的准备。

什么是竞争？其实就是让我们自己与别人进行比较，这可以说是我们人生最精彩的博弈。

有句俗话："机遇总是偏爱有准备的人。"即使是万分之一的机遇我们也只有靠自己的努力才能够得到。其实，抓住机遇的行为，就是在我们通过千辛万苦的努力之后所得到的最甜美的果实。

当我们在看过田径运动比赛的时候，运动员们都站在同一起跑线上，运动员都会尽全力跑向终点，可是不管大家如何努力，第一只有一个，而他就是这场比赛的胜利者。

机遇相对于我们每个人都是一样，它就好像是一场竞赛，只有那些敢于报名参赛的人才有可能获得奖品。如果连参加比赛的胆量都没有，那么结果我们也就可以想到了。而要想捕捉机遇，把握机遇，首先就要求我们有竞争意识，而这一点来自于你对自我的评价，以及对自我目标的设立和追求。

现在总有人说："今天，我要多做一些工作；今天，我要打破昨天的纪录。"其实这就是一种竞争意识。

我们可以把竞争分为两种：一种是与别人竞争；另一种是与自己竞争。与别人的竞争就好像是赛跑，如果你想要超过别人，成为第一，那么你自己平时的训练就显得非常重要了。

其实，大部分人每天都是在踏踏实实地尽力去做好自己的本职工作，而这样以来，你如果要想超越别人，获得更好的机会，那么你就必须比别人更加努力，多付出，多作出一些额外的工作。而且你只有长期坚持下去，成效才会慢慢地浮出水面。

可是如果你每天都是以抱怨的态度去做事情，或是想通过自己的努力,来博取领导、同事的称赞或奖励,那么你最好什么都不要做,即使做可能也不会有什么成就,甚至还会适得其反,让别人对你的人品产生质疑。

威廉曾经是美国家喻户晓的职业棒球明星,他20年来深受人们的敬爱。但是,在他40岁的时候,威廉不得不跟棒球告别,因为他的精力已无法应付赛场的激烈对抗。

当威廉知道这件事情之后,他开始认真考虑自己以后的人生之路。其实,威廉根本不用为自己的生活发愁,他有很多很多钱,即使不工作也能过上富裕的生活。可是威廉想,从40岁就开始享受人生,似乎太早了一些,他决定去找一份让自己开心又有意义的工作。

那到底做什么好呢?威廉在这以前是一门心思的钻研球技,对其他技艺并不擅长。但是经过一段时间的观察,他发现推销员也许很适合他,他对自己的口才也非常有自信。

于是威廉抱着这种想法,去了一家保险公司应聘。他凭借自己的名气,让这家保险公司会如获至宝地接纳他。可是让威廉没想到的是,负责招聘的经理却一上来就给他泼了一盆冷水:"推销员必须有一张迷人的笑脸,可是你没有。"

当时威廉听后感到很奇怪,他的这种看起来神态严肃、硬汉形象的脸,就是他自己认为的金字招牌,也是拥有众多球迷的原因之一,可是怎么在这里居然不行了呢?

可是即使这样,威廉也不灰心,他想:"既然我缺少一张迷人的笑脸,那么我从今天开始就练出一张迷人的笑脸来,我一定要当上推销员!"

很多人都不理解威廉,他为什么不自己开公司,非要给别人打工呢?而且他有的是钱,他完全可以自己当老板。

在我们的生活中很多人都会这么想，特别是当很多的人有了一点名气之后就再也不肯做基层工作，觉得那很丢脸。

说到底这就是一种虚荣心。但是威廉却不是这样的人，他不喜欢当老板，对于经营企业自己也没有把握。他喜欢的就是胜利，他更愿意在自己喜欢而且把握较大的行当追求胜利。

从此以后，威廉每天都会对着镜子苦练笑脸，当时他的家人都以为他在家里待出了毛病，于是建议他去看心理医生。最后在威廉的多次解释下，家人才放下心来。

就这样，经过一段时间的练习，威廉觉得差不多了，再次去那家保险公司应聘。经理说："有进步，你的脸上已经有了笑容，只是美中不足，你的脸部肌肉还有些过于僵硬。"

听完经理的话，威廉更加有了信心，他回到家后继续练习。他花费了很长时间搜集当时一些公众人物的照片，细心揣摩他们迷人的笑脸，而且还刻苦进行并对照练习。当他对自己的脸部肌肉已经很满意的时候，又去见那位经理。可是没有想到经理的评价还是表现出了不满意。

可是威廉什么也没有说，回来之后继续练习。他知道真正的微笑是需要爱心的，于是他不断看书，参加各种公益活动，练了很长时间，终于如愿以偿被那家保险公司录取，而且最后还成为美国人寿保险业中少数几个年收入超过百万美元的超级明星之一。

其实，威廉的成功，就在于他能够以强烈的竞争意识积极地去面对新的挑战，迎接新的机遇。

8. 平凡状态中孕育机遇

赢在三秒钟

平凡状态往往孕育着奇迹和机遇，但是它需要你练就一双发现机遇的慧眼。而我们只要不断检验自己的行为，处处留心生活所赐予我们的每一个平凡机会，就能够改变许许多多不利于自己的局面。

平凡状态往往孕育着奇迹和机遇，但是它需要你练就一双发现机遇的慧眼。什么是平凡，脚踏实地就是平凡。反之，好高骛远总是会让人感到身心疲惫、命运坎坷。

有一位富人，他的碑文上写着这样一句话，"人们身边并不缺少财富，而是缺少发现财富的眼光。"可见，任何人都是可以致富的，只要你具有独特的眼光。

而这位富人就是出生在一个贫民窟里的菲勒，他从小就和很多出生在贫民窟的孩子一样，争强好胜，喜欢逃学，非常淘气。但是值得自豪的是，菲勒有一种与众不同的能够发现财富的非凡眼光。

有一次，菲勒从街上捡到一个坏的玩具车，他拿回家进行了精心修理，带到学校让同学们玩，然后向每人收取 0.5 美分，就这样，在一个星期之内，菲勒竟然赚的钱已经够买一辆新的玩具车了。

当时菲勒的老师不无惋惜地预言：如果他出身富人家，肯定能成为一名了不起的商人，可惜那绝对是不可能的。而他的现在的状况就和一个街头商贩差不多。

菲勒中学毕业以后，菲勒果真成为了一名小商贩。他刚开始从成本很低的小商品入手，菲勒卖过电池、小五金、柠檬水等，不过每一样他经营得很有特色，经营起这些来让他感到非常得心应手。

在当时，菲勒与贫民窟里的同龄人相比，他已经算得上是出人头地了，可是菲勒并不满足，他时刻寻求和发现着身边的商机。

终于有一天，菲勒居然从街头的一名小商贩，一跃成为了一位出色的商人，而他靠的就是一批来自日本的丝绸。

那批丝绸足有两千多斤，由于轮船在运输过程中遭遇大风暴，丝绸被同船运载的染料给浸染了，已经失去了原来的颜色。这个问题让日本人很头痛，他们想便宜卖掉，但是却无人问津，想运出港口扔掉，又担心环保部门处罚，究竟该怎样处理这些被浸染的丝绸呢？如果再想不出更好的办法，他们只得拉回去抛到大海里。

港口当时有一个地下酒吧，环境十分幽雅而且价位也不贵，菲勒就经常到那里喝酒。那天，他又在那里喝醉了，当他跌跌撞撞地经过几个日本海员身边时，无意间听到他们正在与酒吧的服务员说那些令人讨厌的丝绸的事情。

真的可以说是说者无心，听者有意，菲勒感到自己的机会来了。他蹒跚地走过去说："不要担心，我会替你们妥善处理掉这些没用的东西。"海员们以为是一个醉汉的疯话，谁也没有放在心上。

没想到第二天一大早，菲勒就开着一辆大卡车来到港口，找到那位日本船长，他真的来帮他们处理这批令他们生厌的丝绸，船长虽然倍感不解，但他又求之不得，连忙卸下了这些"累赘"。结果，菲勒没花任何代价便拥有了这些特殊的丝绸。然后，他精心设计，用这些丝绸制成迷彩服装、迷彩领带和迷彩帽子。就像炒股票一样，几乎在一眨眼间，他便拥有了10万美元的财富。从此，菲勒以滚雪球的方式经营着他的

第六章 "吃饱喝足"迎接机遇

商业,财富越积越多。

还有一次,菲勒在郊外转悠,他看上了一块荒地,于是便想法找到地皮的主人,说他愿花10万美元把这荒地买下来。当时地皮的主人可以说是求之不得,他想这么偏僻的地段,只有傻瓜才会出这么高的价钱!他担心菲勒会反悔,所以很快就办好了买卖手续。

菲勒花了10万美元买来的荒地,一年后,土地的价格竟然出人意料地翻了150倍,因为当时市政府要在郊外建环城公路。不久,又有一位富豪想在那里建造别墅群,他们都找到菲勒,愿意出2000万美元购买他的地皮。但是,菲勒坚决不卖,他认为那块地皮还会有增值的机会。

就这样,果然不出菲勒的预料,3年之后,那块地皮又增值了近500万美元。菲勒以10万美元在四年时间里,不动声色地净赚了2490万美元。

当时菲勒的同行们都怀疑他和市政府的某些高官有交情,不然当初他怎么能获取那些珍贵的信息呢?但是让他们失望的是,菲勒从来不认识市政府的任何人。

菲勒77岁那年走完了自己人生的最后一段路,菲勒在临死前,他的秘书按照他的意愿在报纸上发布了一条消息,说他即将去天堂,如果有人愿意给他们逝去的亲人带口信,就付100美元过来。

结果当时无数人的好奇心都被这一看似荒唐的消息吊起来了,没有想到菲勒在自己生命弥留之际,居然又赚了10万美元。

菲勒的发迹和致富经历让很多人都难以理解。其实,当我们细细品读,你会发现这其实就是平凡状态中孕育的奇迹和机遇,要想拥有这份奇迹和机遇,就要靠我们对生活的悉心体察,从而练就一双慧眼了。

9. 努力学习，才能迎接好机遇

------- 赢在三秒钟 -------

现如今，知识经济形态的出现让整个社会有了新的特征，特别是在这样一个知识爆炸的时代，我们所面临的最大挑战莫过于对于我们自身能力的挑战，而自身的能力又主要取决于我们自身知识以及将知识转化为能力的挑战。你要想成为知识经济时代的成功者，那么就必须要不断学习，掌握丰富的知识来为自己做后盾。

古人语："吾生也有涯，而知也无涯"，"路漫漫其修远兮，吾将上下而求索"，这些被千百年来广为流传的经典名言可以说是我们祖先对学习精华的一个总结。

我们的祖先都把学习放在至关重要的位置上，他们对学习的执著态度真的是让我们叹为观止。古人曾经告诉我们"学海无涯"，所以我们更应该在自己的有生之年尽可能多地去学习各种知识。而这也是我们正在做的事和我们所倡导的终身学习理念。

古人和今人既然都有这样的观点，可见学习的重要性还真的不能小视。学习不仅能够让我们每个人的素质得到提高，让自己与社会更好地融合，更使自己快速发展，得到机遇，而且还是自己从平凡走向成功的必经之路。

在自己小的时候，总是想着等长大一点再学习，小时候应该是玩的时候，可是等到长大以后，又觉得自己已经老了，已经错过了学习的大

第六章 "吃饱喝足"迎接机遇

好时光了,为自己又找到了一个不学习的借口。

所以有些人就甘心落后于他人,即使自己在机遇面前没有抓住机遇,他们也总能找到借口,说这是正常的事。

其实不然,当我们落后了别人应该主动承认,并且找到落后别人的原因,别人遇到很多机遇,成功了或是失败了,那都是别人的收获。但是自己作为一个一无所有的人,而且还是一个只会为自己找借口的懦夫,那就太不应该了。

一个人如果真的想要认真去做一件事情,可以说没有什么能够阻拦他。在很多时候,领先或者落后,年龄并不是决定性因素,而学习的热情才是关键所在。

我们每个人都会不断地成长,所以我们更应该不断地学习。我们就应该把自己当做是一件艺术品,要花工夫精心去雕刻才有升值的可能。而学习便是我们手中的那把锋利的刻刀,只要让其变得锋利,就一定能够雕刻出让他人惊叹的自己。

皮尔博士在自己86岁的时候仍然坚持不断学习,他经常对别人说:"当我停止学习的时候,必定是我生命结束的时候。"由此可见,我们倡导的终身学习,这已经是被很多的成功人士所实践证明了的。而且很多事实也证明,他们之所以能够拥有那么多改变自己命运的机遇,就是因为他们始终不肯放松自己的学习,时刻在充实着自己的知识,从而具备更加过硬的抓住机遇、创造机遇以及运用机遇的能力。

曾经有一家公司,因为管理者的经营保守而即将倒闭,于是公司请来了著名的演讲家丹尼·考克斯给他们指教。丹尼·考克斯首先对公司的情况进行了一番了解,然后他只对经理说了四个字,"学无止境"。之后经理以及全体员工按照这四个字的要求做了,公司竟然奇迹般地从衰落走向复苏了。也正是丹尼·考克斯的"学无止境"这四个字,让这家公司从领导到职员都深刻体会到了学习的重要性，他们开始抓住每一个提高自身专业技能的机会，努力去学习，并且将自己学到的知识运用到实践中去，结果为自己，也为公司带来了转机。

我们的人生本就是一个蜕变的过程，而学习就是蜕变过程中所必需的催化剂，只有适应不同的变化，学会不断提升自己的人，才不会被生活所抛弃，才能够更快速地成长。

日本的大企业伊藤忠商社早在1978年就开始要求公司的全体员工必须在四年之内通过一定级别的英语考试，而且还要求他们最好能够达到用外语进行交谈、写基本的文章的要求。我们不得不说这是一个富有战略眼光的企业，正是由于这家公司的长远眼光，从1993年开始，他们公司不再使用任何翻译人员，而且要求全体职工无一例外地已经具有独立地与外国人打交道的能力，就仅仅是凭借这一点，已经在很大程度上推动了这家公司的发展。

其实学习并没有我们想象的那么难，多掌握一门语言是一种学习，多掌握一门技能是一种学习，多涉足一个领域也是一种学习。所以，我们大家一定要弄明白，学习不一定是要你背上书包上学校，而是要你通过自己的反思，检查意识到自己存在的不足，及时地为自己"充电"。

10. 活到老学到老，随时准备迎接机遇

------ 赢在三秒钟 ------

现实生活中，大多数人所犯的通病就是，他们认为要改进自己的事业就是要一下子全部进行改进。他们并不知道改进的唯一秘诀就是通过

第六章 "吃饱喝足"迎接机遇

长时间的、随时随地寻求进步,特别是在小事上寻求改进,这也就是所谓的"大处着眼,小处着手"。其实,也只有随时随地的求改进,才能收到最后的成效。

一杯新鲜的水,如果放着不用,时间长了就会变臭。同样的道理,如果是一个经营得非常好的公司,但是老板不能够时刻为公司注入新鲜的血液,那么他的经营也注定会逐渐地衰退。

而一个成功者的基本特征就是他能够随时随地的寻求自己的不断进步。凡是成功的人都害怕自己退步,担心自己堕落,从而一蹶不振,所以他们总是在自强不息地力求让自己进步。

我们在做一件事情的时候,如果做到某一个阶段,绝不可以停止下来,而应该学会坚持,通过我们的继续努力,把事情做到一个更好的高度。如果一个人在事业上总是自以为满足而不懂得追求进步的话,那么他的事业也不会长久的发展。

每天早晨,当我们一起床,看见清晨第一缕阳光,我们就应该下决心:今天要争取把自己的本职工作做得更好,比昨天有所进步。而到了晚上,当我们要离开办公室、工厂或者是其他工作场所的时候,也要把一切都安排得比昨天更好,如果你能够成为这样的人,并且坚持下去,那么在短短的一年之内,你在工作上必定会取得惊人的成绩。

一个人如果具有了不断学习这一种好习惯,那么它是具有极大的感染力的。例如,一个不断寻求进步,喜欢学习的老板,肯定就会感染他的员工,使得员工们也养成不断学习,寻求进步的习惯。

如果老板能够通过这种做法来激励自己的员工,促使他们能够自觉地努力学习,不断进步,那么,这样的老板在他的事业生涯中就相当于获得了强有力的支持者。

一个想成就大事业的人,必须懂得经常与外界接触,懂得经常与自己的竞争者接触，应该更多地前往一些模范公司、商场、展览会以及一切管理良好的机构团体参观访问，从而借鉴他们有效的管理方法。

在美国芝加哥有一个成功的零售商，他就是用了一个星期的假期去参观访问了美国的许多大商场，从而找出了改良自己商场的办法。

结果在此之后，他每年都要去东部旅行，专门去研究和分析几家大规模商场的销售方法和管理方法。因为他认为，这样的参观是绝对必要的。不然的话，如果总是墨守成规、一成不变地做下去，那么必定会走向失败。

那个商人说，他的商场就是在他经过了这几次的改进之后变得和以前大为不同了。以前那些他从来没有注意到的缺点，如货品的摆设不能吸引顾客、员工的工作态度不认真等，最后他通过与优秀同业者的参观对比，一下就历历在目，引起他极大的注意。

于是，回到自己的商场之后，他开始了大刀阔斧地改革，如改变橱柜的陈列，辞退不忠于职守的员工等。结果他的这一次改革，可以说商场内的气象就此焕然一新。

一个从来不出自己公司的大门、不同别人以及其他的公司沟通的老板，那么对于自己公司中存在的经营弱点以及和人员方面的缺点往往都是盲目的，而且还会对各种问题不容易察觉。

所以，要使自己的公司生意兴隆，唯一的方法就是使新的血液进入公司，而这就需要老板经常去看看同行的做法，与同行多进行一些沟通交流，这样就可以通过对比发现自己公司存在的不足之处。

我们每个人的身体之所以能够保持健康与活力，就是因为人体的血液时刻都是在更新的。所以说同样的道理，从事商业的人更应该经常去吸收新鲜的思想，获得新的工作方法。只有这样，他的事业才能够一天一天地发展起来，直到最后成功。

第六章 "吃饱喝足"迎接机遇

只有那些才能出众的人，才能够领悟到不断学习，时刻改进给自己所带来的巨大价值，才会用一种客观的态度去观察别人的优点，反思和改正自己的缺陷，从而让自己不断进步。而那些总是喜欢待在同一种环境中的人，必定会让自己的人生走向失败的深渊。因为他们这样的人总是会对自己的现实状况感到满足，而对自己身上所存在的缺陷又没有丝毫的察觉。其实，对于一些缺陷，如果我们不把自己变换到另外一个环境当中，是绝对发现不了的。

曾经有一个旅馆的经理，当他在踏进另一家旅馆的刹那间，便会注意到许多自己旅店应该加以改进的地方。可以说他在很短的时间内就找到了让自己旅店进步的办法，而这种办法的获得一定要比这个旅店老板中一年不出门，来得容易得多。

一个人在自己事业起步阶段完全可以把"大处着眼，小处着手"这句话作为自己的格言，而且从这位旅店老板所做的事情上，我们就可以看出这句话具有无穷的影响力。正是由于他随时随地求进步，结果他的办事能力达到了一般人难以企及的程度，最终都能圆满地完成。

11. 你的优势助你成功

赢在三秒钟

成功意味着很多，比如赢得尊敬，获得胜利，最大限度地实现自我价值等，但是成功不是专利，只要你有强烈的成功意识，只要你的态度积极、坚韧不拔，只要你信心十足、有崇高而坚定的信念，只要你能够发挥出你的性格优势，你也可以成功。

有的人认为，人类最伟大的发现就是人们通过改变自己的性格，从而改变了自己的命运。其实，这一发现告诉我们，每个人都是可以获得幸福和快乐的，我们每个人也都可以走向成功，而获得的途径就是从改变自己的性格开始。

我们每个人的命运不是上天注定的，而性格也不是天生的。良好的性格总是在后天我们的成长过程中不断地锤炼而成的。

性格就好像是铁矿石，只有不停地打磨，克服不良的性格，才能够实现性格优化的转变，才能发挥它的作用，才能帮助我们获得成功。

约翰·梅杰被称为英国的"平民首相"。他是一位杂技师的儿子，16岁的时候离开了学校。他曾因为算术不及格没有当上公共汽车的售票员，饱尝了失业之苦。

但是这一切都没有压垮年轻的约翰·梅杰，这位能力非凡、具有坚强信心的小伙子终于靠自己的努力摆脱了困境。经过外交大臣、财政大臣等8个政府职务的锻炼，他最后当上了首相，获得了巨大的权力。

但是更为有趣的是，约翰·梅杰也是英国唯一一位领取过失业救济金的首相。

现实生活中，可能有的人因为自己学历太低而感到自卑，哀叹生不逢时，但是我们每个人都有一个大脑，只要有坚强的意志，我们也会获得成功。

高尔基曾经说过一句名言："社会是一所大学。"当我们融入社会，当我们积极思考这个社会的时候，我们就有成功的可能。

我们每个人就好像是一座金矿，都有着巨大无比的潜能，而挖掘你潜能的人就是你自己。人生的命运就掌握在自己的手中，人生成功与否也是由自己决定。

如果你能够明白这个道理，那么你就不会因为自己的现状而怨天尤

第六章 "吃饱喝足"迎接机遇

人、牢骚满腹或愤愤不平，就不会受自卑困扰、懒于行动而坐以待毙。

在我们每个人的性格当中其实都存在优点和缺点。如果整天你抓着自己的缺点不放，那么你就会变得越来越弱，我们应该学会强调自己的优势，这样才能够让自己变得自信。

有很多人喜欢把自己性格上的弱点当成是自己不能成功的借口，实际上，性格完全可用后天的自我修养来改变。

每年12月1日，纽约洛克菲勒中心广场都会举办一个为圣诞树点灯的仪式。硕大的圣诞树漂亮地立在那里，据说它们都是从宾夕法尼亚州的千万棵巨大的杉树中挑选出来的。

有一位画家，他深深地被圣诞树的美丽、璀璨吸引了，他带领着自己所有的学生去写生。

"老师，你以为那巨大的圣诞树原本就是那样完美吗？"一个中年女学生非常神秘地问道。

这位画家非常奇怪："千挑万选出来的，怎么会不完美呢？"

女学生说道："多好的树都有缺陷，都会缺枝、少杈或少叶，我丈夫在那里当木工，是他用其他枝子补上去，所以这些圣诞树才能够看起来是这样完美！"

听完之后，这位画家恍然大悟，原来一切完美都源于修补。世上的每个人无论他多么伟大、多么有名气，都不过是那样一棵需要不断修补的树而已。

任何性格，都是在不断地修补中才变得完美。任何人，都是在不断地打磨中才能够长大成才。

如果让几个人使用同一种材料，可能有的人会建成宫殿，有的人会搭成茅舍。其实，同样是砖头和水泥，建筑师可以把它们建造成不同的东西。

而我们人的良好性格也是来源于自我创造，不经过一番努力，良好的性格也不会自发地形成的。它需要经过我们每一个人不断地进行自我审视，正是这种不断地努力，才会使人感到振奋，令人心旷神怡。

自我修养在个人性格的发展过程中起着非常大的作用，它是教育的补充力量，也是良好性格的发展方向。任何人的优良性格都是在后天的实践活动过程中，不断进行自我修养的结果。

俗话说："玉不琢，不成器。"一个人的性格，不经过认真的自我修养，是不可能自然而然地达到优良高尚的境界。

第七章
练就耳听六路眼观八方的本领

在我们每个人的一生中,都会碰到各种各样的机遇。虽然人人都可以碰到机遇,但是不代表我们每个人都可以发现和利用机遇,如果想要发现机遇,并且利用好机遇,那么就要练就耳听六路眼观八方的本领。

1. 机遇也有自身的特征

──赢在三秒钟──

机遇从来不等人，只要我们懂得了机遇的各种特征，就更应该明白这个道理。我们怎么能够要求机遇在瞬息万变的形势中，为你停下来呢？这样做，机遇就会失去它自身的特征。为此，当机遇来临的时候，你千万不要拘泥不前，而应该勇敢地抓住它。

每一次机遇的发现和利用，既是受到事物所依赖的各种条件和机遇本身显现的程度等多方面的客观因素所影响的，同时还要受到人的需要、爱好、兴趣以及知识、经验、思维能力等多种主观因素的制约。

换句话说，机遇的发现和利用，既可以依赖于客观条件所形成的某种有利时机显现出来，也可能是依赖于人对这种有利时机的把握而展现出来，所以说，机遇是客观因素和主观因素共同起作用的产物。

机遇是具有客观性和主观性的。这里的客观性主要是指机遇的存在是不以人的意志为转移的，而且还会在一个特定的时间段内存在。

机遇又有主观性，机遇的主观性就是指人们对于某种客观趋势的意向，而这一点也就把机遇与人很好地联系在了一起。

当然，这并不是说机遇是主观的东西，只能够说明如果急于离开了人，那么机遇就不能够恰到好处，有利或者有害地影响我们。

机遇还有的一个特点就是极大的偶然性。也正是由于机遇的这一特

点,才会让机遇呈现出千变万化,让人们很难把握的迹象。而且机遇的这一特征尤其在科学发现过程中表现得极为突出。

大家都知道,烈性炸药是科学史上的一次伟大的发明,可是它的发明过程却是在一次科研实验发生极其偶然的事故中发现的。

1846年,瑞士化学家桑拜恩正在进行试验,可是一不小心他将一个盛满了硫酸与硝酸混合的液体坩埚打翻了,于是桑拜恩急忙抓起身边的棉布就去擦拭,结果噗地一下棉布也燃烧了起来,而且还没有一点浓烟,这让桑拜恩是又惊又喜。因为他意识到,这正是他梦寐以求的化合物火药棉。之后,世界上威力巨大而且又没有蓝烟的烈性炸药就由此而诞生了。

当然,我们也不能否认,并不是所有的科学发现都是这样,但是偶然性在科学发现中的特定意义和地位是不容置疑的。所以说,在偶然性中,一定会隐藏着某些机遇。

机遇还具有无序性。这一特性又是机遇的一个非常神奇的特征。因为机遇总是会出现在我们的意料之外,而且更为奇怪的是,它们每次出现的形式都不一样,时间、地点更不相同,也就是说机遇常常是以一种非正常的逻辑顺序和行为方式出现的。

机遇也告诉人们,由于事物的复杂性、发展性以及无限性,那么不管多么周密的计划或者是高明的预言,都不可能将所有机遇囊括其中,即使是在最明确的计划指导下,也不能充分估计到事物发展过程中的各种细节。

机遇还具有可待性和易逝性。培根曾说:"幸运之机好比市场,稍一耽搁,价格就变。"

机遇的易逝性在科学发展中也表现得非常明显。伟大的发明家爱迪生有一次为了改进电极上的一个装置,结果他一不小心将电极装置上的针尖触到正在滑动的电极带上,让爱迪生没有想到的是,针尖在通过刻有长线、点等符号的时候，会发出一种声音。

于是爱迪生灵机一动，就产生了新的发明想法。"我能不能发明一个可以把声音记录下来，再重新放出声音的机器呢？"

也就是这一意外发现，让爱迪生开始研究新的发明。他在电话的送话器的振动板上装上了一根针，针尖在转动的滚筒上滑动而刻出深浅不同的小沟。之后爱迪生再把针尖移回到原处，沿着原来刻出来的沟前进的时候，就从话器中传来了原来的声音。就这样，留声机产生了。

我们可以想想，如果爱迪生对那针尖划出的声音没有留意，那么他就不会产生灵感，可能世界上也根本不会出现留声机了。而爱迪生正是抓住了瞬间出现的机遇，从而实现了人类历史上伟大的发明。

机遇还有一个特点就是公平性。机遇作为一种客观的事物，它本身是不具有感情色彩的，我们每个人都可以得到它，利用它，机遇在人人面前是平等的。

所以，我们再也不要去抱怨上天对于我们不公平了。由于我们生活在社会中，人们的思想、能力身体等各方面的素质是有差异的，因而并不是每个人都能够得到机遇的青睐的。于是在机遇面前就出现了竞争。

法国科学家尼科尔说过："机遇只垂青那些懂得怎样追求它的人。"而我国伟大的数学家华罗庚也说过："如果说，科学上的发现有什么偶然的机遇的话，那么这种偶然的机遇只能给那些学有素养的人，给那些善于独立思考的人，给那些锲而不舍精神的人，而不会给懒汉。"

2. 仔细看看身边，机遇就在那

───── 赢在三秒钟 ─────

有这么一句话："当你有心把握一个好机会时，整个世界都会为你让路。"信息可以来源于你的耳朵，也可以来源于你的眼睛，也可以来源于你的腿。只有当我们仔细观察身边的各种信息，并且行动起来，才会发现机遇就在自己身边。

很多刚刚步入商界的人往往会认为自己没有赶上好的机会，因为现在的经商确实比以前困难很多。也正是由于这样的原因，他们会觉得上帝没给自己机会。

其实真正成熟的人，对于商机是应该永不言晚的，要学会处处留心市场，就会发现赚钱商机就会在你身边。

环境的变化有很多，包括自然的更迭、社会的改变以及人事的变迁，而这些都是以人的感受力来进行判断的；如果你没有敏锐的洞察力，那么就会对外界的变化一概不知，这样的话你就绝对不会获得任何成功的机会，即使机会来到你的身边，你也会因为没有做好充分的准备而抓不住。

你只有正确把握住环境的变化，才能够适应它的能力，如果你没有正确认识环境的变化，或者是判断错环境的变化，那么你走在人生前进的道路上就好像是盲人骑瞎马，时刻都会有半夜临深渊般的危险。

密切关注信息，可以窥见社会的变化，特别是当你按照正确的信息方向前进，就可以准确预测明日的变化。对于企业经营来说，除非遇到突如其来的政局动荡，在一般的情况下，市场的变化往往都会有一定的规律。

当今社会的经济信息一般有两种，一种是特殊信息，另一种是普通信息。所谓特殊信息，就是指那些还没有被公开流行的，极少有人知道的信息，也就是我们平常经常所说的"内部消息"。

这种内部信息往往被少数人掌握在手中，如果你能够掌握到这样的信息，那么其价值是无可估量的，当然，这种信息是不容易得到的。

另外一种是普通信息，也就是众人皆知的信息。这种现成的信息，虽然很容易得到，但是往往需要通过一系列的分析，才能得到对自己有用的信息。

很多人在谈起机遇时总会这样说："这可是了不得的东西，我们一般的人可发现不了机遇啊！"如果你也这样想，那么你可能永远也不能把握住机遇了。

也许你误解了"机遇"二字，其实所谓机遇只不过是那些能为你带来利益和财富的机会。获得一个好项目是机遇，得到一个不错的市场需求也能算的上是机遇，甚至得到一点有关竞争对手的信息也是机遇。

机遇对于任何人都是公平的，不会偏爱某一人，你自己也能把握住它，但是关键是你要用心去看，用心去听，用心去观察。

3. 生活中自然有机遇

> 赢在三秒钟

一个人不管知识多么渊博，成就多么优秀，如果不能与别人一起生活，不能互相往来，不能培养自己对别人的同情心，不能对别人的事情产生一点兴趣，不能辅助别人，也不能与他人分享快乐，那么他的生命必将孤独、冷酷，毫无人生的乐趣。

世界上没有一个人能够完全离开人群独居，人总是要过群体生活的。在人类社会中，每一个人就好像是葡萄藤上的一根枝杈，它的生命完全是依赖在主藤上。枝杈什么时候脱离它的主枝，也就是开始萎缩枯干的时候了。

我们看一串葡萄之所以味美色香，完全就是因为它依靠在葡萄的主枝上，如果它仅仅是依靠分枝，那肯定是无能为力的。假如要把分枝从主枝上剪下来，那么分枝上的葡萄自然也会枯萎。

在社会交往中，我们每个人的能力都能够通过社会实践而增强。一个人的接触面越广，那么他的知识和道德也就会成熟得越快。如果一个人与其他人断绝来往，那么他的一切能力就会减弱。所以，人应该不断从他人的身上学习，积极参加各种团体活动，从而获得精神上的食粮。

而且同那些有成就的伟大人物接触，往往会让自己的知识和才能增加得更多。那些著名的演说家之所以演说如此精彩，靠的就是许多听众的理解。当演说家唤起观众的同情，才能发出伟大的力量。如果一位演说家对着空无一人的讲堂，或者是对着两三个人进行演说，他是绝对不能产生如此巨大的力量的。

经常与别人进行合作，我们就能够更好地发掘自己的潜力。如果不去和他人合作，有些潜伏的力量是永远发挥不出来的。

任何人只要耐心去倾听，他所交往的人总是希望告诉你他的一些小秘密，给你造成一定的影响。有些信息对你来说可能是闻所未闻，但足以改变你的前程，如果这个时候你能够吸收这些信息，那么将会对你产生极大的帮助。

在这个世界上，没有一个人能够在孤身一人的环境里发挥出自己的全部能量，而我们总是会靠别人来激发自己的潜能。

其实，我们大部分的成就在很大程度上都是依靠他人的有益影响。他人常常在无形之中把希望、鼓励等投射到我们的生命中，在心灵上安慰我们，在精神上激励我们。

我们的人体发育以及生命的成长，是依赖于我们从身体以外吸收到的多方面营养。而有些营养是我们自己难以觉察的，如我们的耳和目就接受了外界的一切光和声。

学校教育相当一部分价值是由同学师生间的切磋琢磨得来的。这些交流与切磋，就能使学生的思想变得更加锐利，会激起他们的雄心，开发他们的能力。而且最重要的是，这些交流和切磋能够启发他们对新知识的渴望。

虽然书本上的知识很有价值，但是学生彼此之间的交流与沟通，更容易得来新的知识，这些才是他们生命中的无价之宝。

人应该多与比自己水平高的人接触，特别是和一些经验丰富、学识渊博的人接触交往，这样才能使自己在人格、道德、学问方面受到良好的熏陶，使自己具有更完美的理想和更高尚的情操，激发自己在事业方面的努力。

有的人在生活中，选择不去和超越自己的人接触，这实在是一个巨大的错误，而且肯定会减弱社交对自己生命的益处。

与一个能激发我们生命中美善部分的人交往，其价值要远胜于获名获利的机会，因为这样的交往能使我们的力量增加百倍。所以，社会交往、与他人的沟通交流中都蕴藏着巨大的效益。

4. 善于观察，机遇自现

赢在三秒钟

我们要善于观察事物的变化，特别是细微的变化，保持一种高度的警觉性，对各种信息都做到征兆敏感；而且还要随时准备接收不同的信息，并且能够立即进行归类分析；特别是要加强对捕捉信息内涵的理解。

当今的时代，现如今的社会，可以说信息就是金钱，就是财富。

王明是一所大学新闻系毕业的大学生，在他毕业之后被分到一家杂志社任编辑。但是好景不长，没过多长时间这个杂志停刊了，杂志社倒闭了，而他也失业了。

王明失业以后再也没有去到别的单位找工作，而是向自己的亲戚朋友借了几万块钱购买了电脑，又花100元办理了开通互联网的手续。王明现在的"工作"就是每天在家，坐在电脑前工作十几小时，收集来自世界各地的信息，并且对有价值的信息进行编译和改写，然后再寄给全国各地的报刊，结果仅一个月的时间，王明就发表了80多篇文章，而且他还非常坚定地告诉身边人，他两个月就可以收回全套设备的投资资金。

人们往往把信息产业称为第四产业，因为它具有投入少，而产出多的特点。这样的例子数不胜数，曾经一条微量元素快速养猪的信息，让一名下岗职工到乡下组织农民养猪，结果才一年的时间就获得10万元的报酬；还有一条"因缺电，山区人看不到电视"的信息，让一名从柴油机厂下岗的采购员组织了一批专供发电的小型柴油机到山区销售，最后不也成为百万富翁吗！

可见，商场上的机会都是均等的。在相同的条件下，谁能第一个抢占到先机，谁就能稳操胜券。而抢得先机最有效的办法就是获取并破译相关的信息。

现在是一个信息的时代，很多东西都是可以用信息来代替和表示的，信息已经成为了这一时代最宝贵的财富，有了信息就等于拥有了财富。

而那些能够主动发现机遇、抓住机会，以及创造机会的人，往往都具有非常敏锐的洞察力和预测能力。

人与人是不同的，虽然我们在一开始的时候，可能不一定具备这样的能力，但是我们一定要在自己的头脑中建立起这样的意识。

兵家常说："将三军无奇兵，未可与人争利"，更有"凡战者，以正合，以奇胜"。所谓奇，真知灼见出奇效也。

其实，真知灼见靠的同样是对信息的捕捉。司马迁《史记·货殖列传》中说："治生之正道也，而富者必用奇胜。"在这篇列传中，列举了卖油脂的雍伯、卖肉制品的浊氏、奇货可居的吕不韦等，他们可以说个个是慧眼独具、发挥一己之技，都是依靠经营一般人不去涉及的领域而获得成功的。

香港有一位富商也说过："每个商务时代，都会锻造一批富翁。而

第七章 练就耳听六路眼观八方的本领

每批富翁的锻造，都是当人们不明白时，他明白自己在做什么；当人们不理解时，他理解自己在做什么。所以，当人们明白时，他已经成功了；当人们理解时，他已经富有了。"而富翁之所以能够成为富翁，靠的就是他比别人多了一个捕捉信息的能力。

我们大家都知道，在中国近代史上的晋商曾有过一段辉煌的时期，晋中民间的商人，经商的脑子就非同一般。

当时清代太谷县有一个曹氏商人，他看见一年到头高粱长得茎高穗大，十分茂盛，但是他细细观察却发现其中有些异样，于是他随手折断几根一看，发现茎内皆生害虫。

没有想到的是看到这里，他计上心来，于是便独辟蹊径，连夜行动，掏银子请人大量收购高粱。当时很多人都认为粮食肯定是丰收在望，于是就将库存的高粱大量出手。结果高粱到了成熟的时候，很多都被害虫吃掉，造成了高粱的歉收，而曹氏商人一家却以此获得千金万银。

这样的例子其实还有很多，虽然有些例子让有的人乍听起来觉得非常可笑，但是如果你仔细思考，就会发现他们成功无非是找到了真正最有价值，并且转变成有效的信息，而正是那些被绝大多数人嗤之以鼻而遗弃、却被极少数人捕捉并见微知著的信息，让他们最后如日中天，一步步走向成功。

记得伟大的科学家、电话的发明者贝尔曾经说过这样一句话："不要总走人人都走过的大路，有时需要另辟蹊径前往云林深处，那里会令你发现从来没有出现过的东西和景物。"而捕捉信息也是这样，其实捕捉信息并不难，关键就要看你用心捕捉了没有。

5. 潜在的机遇更需要你捕捉

---- 赢在三秒钟 ----

要想成功其实并不难，但是之所以有的人可以成功、有的人失败，很多时候就在于细微之处的不同。那些成功的人总是把眼光关注在细微之处，因此他们能够从细微之处挖掘出潜在的机遇，可是失败的人往往忽视，甚至于不屑关注细微，因此他们总是会与机遇擦肩而过。

人的潜力需要我们去挖掘，其实，很多机遇也是一样的。机遇隐藏在某些东西的背后，也需要我们去挖掘。

人们通常所说的潜在型机遇就是指那些能够预见某件事在未来可能会成为机遇，但是这个不是谁都可以预见的，只有那些具有远见和战略眼光的人才能够准确地预见它。

潜在的机遇虽然在某些时候具有很大的发展空间，但是想要确定它还是需要很强的前瞻性眼光以及科学求实的态度的。

而松下电器的创始人松下幸之助的成功就是因为他善于发掘潜在的机遇。

松下幸之助先生自己亲口说过，他的发迹是得益于女性的议论。最早的时候，松下幸之助先生还是某一家电器公司一名小小的见习生。有一次松下幸之助先生在市场上闲逛的时候，几个买东西的家庭主妇的议论却引起了他的注意。这些家庭主妇们一边抱怨一边说道，现在的电源插座只有单用的，不仅使用起来不方便，而且还很耗电，如果谁能够给

第七章 练就耳听六路眼观八方的本领

咱们提供一个可以供几件电器都能够同时使用的插座就好了。

松下幸之助听到这些话之后，顿时就产生了灵感，因为这种产品设计起来并不难，只是大家都没有去做。

回到家以后，松下幸之助先生就自己先改装了自己的家里面的灯泡接头，并且还做出了多用插座样品。但是让松下幸之助先生备受打击的却是，当他向商家拿出样品的时候，得到的却是商家的一顿训斥。

但是年轻的松下幸之助并没有因为这点打击而选择放弃，他下定了决心，要自立门户。在松下幸之助先生22岁的那一年，他在亲戚朋友的帮助下租用了一间小房子，成立了"松下电器具制作所"。而松下幸之助先生的首批产品就是提供给人们多个家用电器使用的电源插座，结果这种多功能插头刚投放到市场上，就受到了大家的欢迎，这成为了松下幸之助先生的第一次成功。

松下幸之助先生的公司命运和所有的大公司几乎一样，松下在以后的日子中也是几经沉浮。

但是每一次在公司遇到困难的时候，松下幸之助先生总是会十分注意听取那些不同的大胆设想，而且他还特别注重女性的要求，尤其是家庭主妇的需求，结果为企业的发展创造出一个又一个机遇，也给公司带来了一次又一次的奇迹。

最后，松下幸之助先生甚至大胆进行改革，他一改以前研究人员多为男性的情况，决定用5名女职员组成了一个研发小组。松下幸之助先生让她们提出新的产品设想，当时他的这一举动让所有人都感到非常惊讶。

结果这个五人小组确实也不负众望，给松下幸之助先生提出了很多很好的建议。比如，她们提出了妇女内衣晾干的问题，为此松下公司立刻便研发出一种不伤内衣的小型廉价烘干机，产品推出后，可以说是一炮走红。

当然，她们还提出了关于很多女性都希望在吃过美食以后能够马上除去衣服上的食物气味，因为很多时候当人们在餐厅吃了一餐之后，衣服上总是会有气味，而且气味消失要一天以上。

最后，这个小组通过研究发现，蒸汽能有效地祛除异味，于是她们就开发出一种蒸汽刷子，等产品上市之后，也受到大家的热烈欢迎。

这个小组根据不同的人群、不同的性别研制出了很多适合各种人群使用的电器商品，正是由于这一小组的不断努力，才大大巩固了松下电器在大家心目中的地位。

其实，我们每个人都有可能在某些场合听到别人的一些谈话，这些谈话听起来好像没有什么，但是松下幸之助之所以能够成功就是从这种本来无关自身痛痒的谈话中发掘了机遇。而且他一直坚持这样的习惯，到了后来，他更加重视小人物的意见，因为松下幸之助先生认为，这些细微之处往往蕴藏着丰富的机遇。

最后松下幸之助先生正是凭借这些，成功了。

当我们在感叹"成功难，难于上青天"的时候，而那些留心细微之处的人们却正在笑着向众人宣告："看，想要成功，就是这么简单！"其实这就是现实。

生活中的机遇就好像是夜空中的繁星，只要我们多留心观察一会儿，把一些看起来不重要而且往往被其他人所忽略的信息能够转化为大众的需求，那么你的祈祷的机遇便会不期而至。

第七章 练就耳听六路眼观八方的本领

6. 越是冷门，越能觅得机遇

赢在三秒钟

热门的事情固然存在机遇，但是正是由于热门，所以参与的人也多，因此竞争非常激烈，成功的概率也相对小一些。倒是那些懂得不盲从、不随大流的人，往往能够在冷门中发现机遇，从而开创出一个体现自身价值的事业。

什么是冷门机遇？就是那些不被人们看好，认为没有多大潜能，不值得去为其花费更多的精力和资本的机遇。

但是，你千万不要忽略了它的存在，因为它自身有一个非常大的优势，那就是没有太多的竞争对手，这对于你即将开创的事业是很有利的。

在19世纪，美国的加利福尼亚州出现了一股淘金的热浪，很多人为了能够实现一夜暴富的梦想，于是纷纷前往加利福尼亚州。当时有一位年龄才17岁的亚摩尔也准备去那里碰碰运气，于是就毫不犹豫地加入到了淘金者的行列，在去往加利福尼亚州的路上，亚摩尔风餐露宿，吃了不少苦头。

等亚摩尔到达加州之后，他和别人一样在恶劣的环境里面寻找着黄金，结果是又累又饿，苦不堪言，亚摩尔已经承受不了了，于是他打算放弃。

可是有一天，他听到有人抱怨："这是什么鬼地方，想喝点水都困难，我现在宁愿用一枚金币来换一碗水喝。"结果后来亚摩尔又听到有人说："只要让我喝够水了，我给他五枚金币都可以。"

听完这两个人的话，亚摩尔也是深有感触。因为这个地方气候异常干燥，水资源非常少，所以令四面八方赶来的淘金者备受煎熬的就是没有水喝。

亚摩尔忽然灵机一动，头脑中闪过这样的想法：我既然自己找不到金子，那么为什么不卖水给找到金子的人喝呢？也许我还能够赚到不少钱。

想到这里，亚摩尔于是立即行动，开始卖水给前来淘金的人。

在刚开始的时候，亚摩尔还从比较远的地方进货，从中赚取一些差价。等时间一长，亚摩尔的资金充足了，他就开始通过挖水渠来引水，经过一系列的过滤、加工等工序把水卖给淘金者，并且卖给淘金者的水都是一桶桶、一瓶瓶清凉可口的饮用水，结果深受淘金者的欢迎。

可是当时也有人嘲笑亚摩尔，说他离开家乡，不远万里来到加州来，放着发大财的机会不去，反而看上了这些蝇头小利的小生意，真是太没有远见和头脑了。但是亚摩尔根本不在乎别人的嘲笑，一直坚持着做他的饮用水生意。

结果正是由于人们都把希望寄托在淘金上面，没有人和亚摩尔的生意竞争，而且加上前来加州淘金的人是越来越多，对饮用水的需求量也越来越大。亚摩尔的生意可以说是越来越红火，在很短的时间内就赚到了一大笔钱。

其实，和那些找不到黄金的人相比，亚摩尔显然是幸运的，但是他的幸运不单单是关注那些已经热门的事情，当他在感到热门竞争异常激烈之后，他懂得冷静下来思考自己的出路。是继续同越来越多的人一起去淘金，还是做一些大家没有关注的冷门呢？最后亚摩尔选择了后者，选择了在大部分人选择淘金的时候给他们提供饮用水。也正是因为如

第七章 练就耳听六路眼观八方的本领

此,才能够让亚摩尔在众多人空手而归的时候,赚取到了自己的第一桶金。

其实,在我们现实中,之所以很多忙忙碌碌一辈子都做不出一点成就,就是因为他们不仅抓不住前途无量的大好机遇,而且还不愿意去抓住那些看似冷门,结果这辈子就在大事做不来,小事不愿意去做的状态中度过一生。

假如,我们能够换一种思路,多方位地去考虑问题,那么你懂得根据市场的需求,抓住一些冷门,可能就会抓住你成功的机遇,当你把冷门做成热门之后,你就非同一般了。

早在20世纪50年代的时候,霍英东就已经在香港的房地产上面上大赚了一笔。可是他不甘心现状,他继续想干事业,可是经营什么好呢?

由于当时房地产业的快速发展已经带动了建筑材料业的突飞猛进,结果很多大企业都纷纷投资到了建材行业里,而与其相关的淘沙业却备受冷漠。

可是霍英东却不这么认为,他从中发现了商机。河沙是建筑不可缺少的一种原料,建筑业的发展肯定会带动河沙需求量的大增,它的发展潜力非常大,而且现在几乎没有什么竞争对手,从事淘沙业肯定是有利可图。

于是霍英东立即在淘沙业投下了巨资,推陈出新,大胆改革,为了能提高工作效率,他甚至花费了7000港币买来了挖沙机,来代替人工劳动。后来,霍英东又亲自到泰国以130多万的价钱购买了一艘大型的挖沙船,结果最后,霍英东通过投标,承包海沙的供应,为淘沙业开辟了一片新天地。

由此我们可以看出,无论是想要赚取人生的第一桶金,还是想要日后能够成功地经营自己的事业,都不能只把眼光都放在热门的事情上。

· 185 ·

7. 从别人的错误中发现机遇

──────── 赢在三秒钟 ────────

　　研究别人的错误目的就是为了让自己少犯错误，而你只有不断地研究你的竞争对手，你才能够打败他们，正所谓"知己知彼，百战百殆"。而且要成功，就必须要做成功者所做的事情，同时你也必须了解失败的人是怎么失败的，这样才能够避免自己不去犯别人已经犯下的愚蠢错误。

　　也许你很长一段时间都是被坏运气所笼罩，但是请你不要心灰意冷，因为你如果能够研究和借鉴别人所犯过的错误，从中吸取经验和教训，那么你就可以降低坏运气出现的概率。

　　当然，我们首先要学会自我反思，从自己所走过的失败之路中总结经验和教训，但是更为重要的是要学会从别人的身上找到失败的原因，做到引以为鉴。

　　在你的身边，可能有这样的人，他们几乎不费什么力气就可以轻松避开陷阱，比别人更容易抓住机遇，获得成功，其实原因就在于：他们不仅关注了自己的错误，同时还关注别人的错误，他们不放弃自己身边任何一个可以吸取教训的机会。

　　有一个10岁的小男孩，非常不幸的是在一次车祸中失去了左臂。这个小男孩从小就喜欢柔道，并且还想在这方面有所成就。

　　最后，小男孩拜在了一位柔道大师门下，开始学习柔道。虽然他只

第七章 练就耳听六路眼观八方的本领

有右臂,但是他学习非常勤奋刻苦。可是已经三个月的时间过去了,师傅却只教给他了一招,小男孩不明白师傅是什么意思,显然他自己已经有点着急了。

有一天,他终于忍不住问师傅:"师傅,我是不是应该再学点其他的招数呢?您为什么总让我学习这一招呢?"但是师傅的回答却让小孩子感到震惊,师傅说:"不错,你的确只会一招,但你只需要会一招就够了。"

虽然当时小男孩还不明白师傅说这句话的意思,但是他非常相信师傅,于是就继续练下去。

几个月后,师傅第一次带小男孩参加比赛。小男孩自己都没有想到居然就这么轻轻松松地赢了前两轮。

第三轮对于小男孩来说显然有一些困难,对手连连进攻,但是小男孩敏捷地施展了师傅教给他的仅有的一招,结果又赢了。就这样,小男孩自己都不知道怎么就进入了决赛。

决赛的对手比小男孩要高大、强壮许多,而且看起来也似乎更有经验。比赛开始之后,有一段时间小男孩显得有点招架不住了,当时的裁判担心小男孩会受伤,就叫了暂停,还打算让小男孩退出比赛。可是小男孩的师傅坚决不答应,说:"让他继续下去!"

就这样,比赛重新开始了,而这一次对手面对瘦小的小男孩,显然放松了戒备,小男孩立刻使出他会的唯一一招,制伏了对手,由此赢了比赛,获得了冠军。

获得冠军的小男孩非常高兴,他在回家的路上问师傅:"我为什么凭一招就赢得了冠军?"

师傅答道:"有两个原因。第一,你几乎完全掌握了柔道中最难的一招;第二,据我所知,对付这一招唯一的办法就是对手抓住你的左臂。"

小男孩听完师傅的话之后，非常震惊，真的是知己知彼百战不殆，其实我们每一次失败的过程就是知彼的过程，也是总结他人经验教训的过程。

古人云："他山之石，可以攻玉。"而且很多事实也已经证明，善于学习借鉴别人成功经验和失败的教训的人，往往更容易成功。

现如今，很多人都喜欢阅读别人的成功故事。这其实就是从别人的成功经验中学习。

在现如今激烈的社会竞争中，我们往往会更多地去追求卓越、关注成功，然而"智者千虑，必有一失"。任何人，不管是声名显赫的伟人，还是没有名气的普通人，要想做到一辈子一帆风顺是不可能的，其实成功人士的经验都是相似的，但所失败的教训却各不相同。

在日本，有一个非常著名的国际软件株式会社，这个公司的主要任务就是开发新的软件，以满足市场的需求。

不过在1998年之前，这个公司还是一家名不见经传的小公司，如今之所以能够顽强的屹立在繁华的东京，就是因为公司领导善于总结和研究同类公司的结果。

之前，株式会社在开发新产品上总是比别人"慢半拍"，几乎没有在市场上推出过位于新技术前列的产品，总是让其他公司"领跑"而自己尾随其后。当时公司的领导对于这一现象感到不解，于是就有人提议从别的企业成功与失败的经验中寻找企业开发新产品的最佳"谋合点"。

之后，株式会社借鉴了许多世界著名软件公司成功与失败的经验，慢慢地从中找到了一条适合自己公司发展的道路。而如今，他们生产的软件已经被广泛运用在了世界各地，不仅取得了巨大成功，而且也获得了"日本软件业巨头"的称号。

因此，别人的经验和教训是我们要加倍珍惜的宝贵财富，应该认认真真地去学习。只有这样，才能让我们"站在巨人的肩膀上"，往更高的起点去攀登，时刻走在新技术的最前沿。

8. 从信息中辨别机遇

赢在三秒钟

成功的人之所以常常能够抓住成功的机遇，是因为他们在生活中处处留心，他们拥有一双捕捉机遇的慧眼。每次当机遇来临的时候，他们就能够迅速地做出反应，从而把机遇牢牢地抓在自己的手里。

当今世界已经进入了信息时代，信息作为战略资源，已经同能源、原材料等一起构成现代社会生产力的三大支柱，可以说有价值的信息就是财富。

其实信息到处都有，不管是报纸、杂志、广播，还是电视里面，都包含着大量的信息，甚至街头巷尾我们都能够找到信息，在这些信息当中往往就蕴藏着潜在的商机，关键是我们有没有发掘商机的慧眼。

温州商人黎峰在自己很小的时候就失去了母亲，家境贫寒，小学还没有读完，他就辍学跟随自己的父亲做一些小买卖。

在1987年，黎峰刚刚15岁，但是当时的一条新闻却引起了黎峰的注意。福建泉州一个农民靠着观赏鱼发了财。因为观赏鱼占地少，投资不多，卖价高，而且只要掌握了养殖技术，就可一本万利，但是如果想要把这一技术学到手，却需要1500元。黎峰看完之后，心有所动，于是他开始省吃俭用，决定到福州农学院学艺。

我们知道,温州和福州同处东南,距离不是很远,但是地方的方言却是千差万别。但是黎峰还是克服了种种困难学到了养殖技术。

黎峰回到温州后是在1992年,当时正好赶上国家政府部门从农民中招聘技术人员支援索马里,创办赫贝尔农场。结果黎峰应聘报名,而他的目的就是作为一名年轻人出外创业,寻找挣钱致富的门径。

当时在索马里政府的积极配合下,黎峰作为养殖技术人员作出了自己的贡献,农场养殖成效显著。农场不仅200多公顷的良田连年丰收,而且上千头牛羊成长良好,淡水鱼养殖也比较顺利,这些对于索马里的居民来说都是前所未有的。

1994年,黎峰又去了南非,到德班诺港的一家浙江人开的工厂里上班,而且还自己努力学习英语。

当时黎峰的目标就是要到法波德尔去创业。半年之后,黎峰经过自己的考察,发现在法波德尔和纳米斯地区之间有一家皮革厂,但是没有制鞋厂。于是黎峰聘用了5个人,从周围地区弄到木材加工成鞋底,然后又买到了皮革,加工木底拖鞋。

南非的夏季是很炎热的,而黎峰生产的这种木底拖鞋与日本的木屐很像,穿起来非常凉爽,而且再加上制作流程不复杂,生产成本低,自然极受顾客欢迎。

可是让我们感到非常遗憾的是,黎峰当时自己又是当老板又是当工人的,十分辛苦。而他聘用的制鞋工人是当地黑人,没经过专门训练,不仅懒惰而且还没有耐心,因而生产的拖鞋很粗劣,销路不好。在勉强维持了半年之后,黎峰没有赚到一分钱,反而还赔了几千元,不得已便把工厂关掉了。

工厂倒闭之后,黎峰不甘心认输,他开始从温州进购小商品,特别是一些简单的玩具和小装饰品,把它们运送到南非去贩卖。当时南非的小商品经营市场仍存在着较大的缺口,而这些从中国来的货物价廉物

第七章 练就耳听六路眼观八方的本领

美,很受南非人的欢迎。但小商品的利润并不太大,扣除海运的费用,赚头不多,对于黎峰来说只能算的上是小打小闹。

机会终于来了,有一次回国探亲,当黎峰与一个朋友聊天的时候,细心的黎峰了解到这样一则信息:国内有一种叫做小黑麦的独特品种,产量和价值是一般品种小麦的十倍以上。而当时小黑麦虽然已经在国内开始推广,但是在南非还是一个空白。南非的地价不高,从中国购进黑麦种子也便宜,低成本高产出,这使黎峰看到了这一项目的前景。

于是黎峰立马返回南非,开始着手建立了一个农业科技公司,在南非租地培育小黑麦种子出售。公司以比较低的租金租用了一百亩地,租期是十年。当时黎峰的资金远远不够,他只好千方百计与对方进行交涉、谈判,最后对方终于同意让他先交4年租金,其余部分分期付清。即使对方已经作出了重大让步,但是资金对于黎峰来说也是一件头疼的大问题。但是黎峰买完化肥后,公司的账面上仅剩下了5元钱。

但是,最后黎峰凭借自己的敏锐眼光,终于让公司发展起来,成为了南非小黑麦市场上的"老大哥"。

现如今,回想起创业的艰难,黎峰曾说:"当时要不是好胜心强,真的干不下去了。"

其实一个人所吃的苦和所创造的辉煌是成正比的,黎峰的例子就是对这句话的最好诠释。

当时小黑麦的成熟让黎峰迎来了一个机遇:结果小黑麦品种很快就占领了南非市场,公司的效益也就水涨船高,黎峰很快就积累起数百万资金。

信息就好像空气一样,无处不在,无处不有,但是如果你不注意观察可能就无法发现它的存在,所以如何处理好这些铺天盖地的信息,是关系到你能不能获得成功的重要前提。

9. 从现有条件中发现机遇

------- 赢在三秒钟 -------

有的人总是抱怨自己的机遇不好,其实,当下的力量是很重要的,寻找机遇也是一样,我们应该把眼光放在当下,从自身现有的条件中去发现机遇,这样你会突然醒悟,原来机遇无时无刻都在陪伴着你,只是你没有发现而已。

如果你希望获得更多的机遇,那么不妨就从身边现有的条件入手,有的人说机遇是从朋友中产生的。因为在他们看来,喜欢搞创作的人会经常找朋友谈天,于是就产生了灵感;下岗员工也喜欢找朋友谈天,从而让自己产生信心;经营者经常找朋友聊天,因为这样可以获得更多的商业信息,从而产生新的经营思路等,如此看来,朋友真的可以产生机遇。

当然,不管是什么样的目标,都需要我们付出努力,甚至是长期努力才可以实现,而能够为实现自己的理想而努力就是机遇。

也有人说,机遇是由做好一件件的事产生的。当你无私奉献的时候,也是产生机遇的时候。

田文是古代的一位大贤士,受到国君的宠爱,被封为了相国。于是,各地有才能的人纷纷前来投奔他,谋一只饭碗。

而田文更是来者不拒,以礼相待。对于合适的人才,他一定会授予职务;而对于暂时用不上的人,也会提供钱物食宿,使他们能够养家糊

第七章 练就耳听六路眼观八方的本领

口。最后，田文门下的食客竟然达到好几千人，他的礼贤重士名声也由此传遍天下。

可是，由于田文的名气太大，居然引起了国君的怀疑，撤掉了他的所有职务。无奈，田文只好离开国都，回到自己的封地去了。

可是让他万万没有想到的是，那几千个平时口口声声仰慕他、愿意终生追随他的食客，居然一下子都没影了，只有一个名叫冯谖的人愿意继续跟着他。

田文在去封地的路上，看着自己形单影只的凄凉景象，心里想起昔日前呼后拥的风光，不禁仰天长叹，对世态炎凉产生了很深的感慨。

但是，老天爷待他毕竟不薄，那个继续追随他的冯谖，是个忠诚而才干不凡的人。此人深明大义，精通口才，经过一番策划，居然让国君对田文重新产生了信任。

田文官复原职，尊荣更胜从前。那些当初弃他而去的食客，听说他的声名权势失而复得，都向他表示出很懊悔并想继续追随他的意思。

而田文听说那些人还想找回自己的饭碗，于是愤愤地对冯谖说："他们当初弃我而去，现在还有脸回来？谁好意思走到我面前，我一定要将唾沫吐在他脸上！"但是冯谖却不以为然，他对田文说："事物有自身发展的规律，事情有它本来的道理，您何必生气呢？活着的人一定会死，这是事物必然的规律。富贵了，宾客自然多；贫贱了，宾客自然少，这是事情本来的道理。我想您一定见过菜市场的情景吧，早上，人们争先恐后地挤进去，因为里面有他们需要的东西；傍晚，人们甩开大步走过去，不会多看一眼，因为里面没有他们需要的东西了。这是很正常的事情。以前，人家争先恐后地来投奔您，是因为在您这里有他们需要的东西；后来他们离开您，是因为您这儿已经没有他们需要的东西了，有什么可抱怨的呢？"

正是由于冯谖的一番话让田文恍然大悟，心里的怨气消除了一大半。后来,那些食客陆续前来投奔,田文还是一如既往地接待他们,毫无芥蒂。

几年后,他门下的食客又达到几千人,而他的仁义之名这一次更是传遍了天下。

可见,无数的事实证明,朋友产生机遇,目标产生机遇,做好事情同样也可以产生机遇。所以说,如果你希望有更多的机遇,那么就不妨从身边这些现有条件入手,去发现机遇、寻找机遇。

第八章
心态好,才是真的好

英国著名作家福楼拜说:"一阵爽朗的笑,犹如满室黄金一样引人注目。"好的心态是我们心中的太阳,所以,让我们保持一种好的心态。那些真正的强者,都是心态豁达的人,好的心态能够让我们应对生活中的各种险境,掌握好自己的命运。

1. 你想要成功，才可拥有机遇

赢在三秒钟

如果我们跟不上时代的脚步，那么下场是惨痛的，甚至我们会被时代所淘汰。同样的道路，你要想让自己成功，想获得机遇，那么也要培养自己的超前意识并用发展的眼光去看待问题，这样你才能够始终跟上时代发展的脚步。

其实，在每个行业里面，都有其自身的发展规律，哪怕是在不同的经济时期，每一个身处职场的人都需要根据自己行业的特点以及发展趋势，对自己的能力做出相应的调整。

微软公司的创始人比尔·盖茨在很长一段时间都被称为是世界上最富有的人，而且他也是在世界信息技术领域中开足马力前进的成功人士。那么，比尔·盖茨到底是基于什么原因，让自己取得了如此巨大的成就呢？

记得有一次比尔·盖茨和美国大学生聚会，其间，比尔·盖茨非常诚恳地对大学生说道："你们当中的许多人肯定会比我更加优秀，我相信只要你们愿意努力，你们当中肯定会有人超过我的。"

当时在座的大学生听了这话，感到非常不解，难道比尔·盖茨获得成功的原因就这么简单，还是他不肯透露他的成功秘诀呢？

就在这个时候，一位学生非常直率地问道："请问比尔·盖茨先生，你能够告诉我们你是怎样获得成功的吗？"

第八章 心态好，才是真的好

比尔·盖茨听完之后微笑着说："我之所以能够成功，就是因为我一直以来都坚持做好两方面的工作。第一方面，我十分专注于自己所从事的工作；第二方面，我时刻关注着行业的发展动态。"

比尔·盖茨的回答真的是太平常了，几乎这样的话很多人都说过，学生们听了之后也一直摇头，很显然他们对于比尔·盖茨的回答不满意。

其实，任何真理都是非常朴素的，而成功的秘诀也自然不例外。你只有密切关注你所在行业的发展动态，才能够做到始终走在你所在行业的最前端，当你走在最前端的时候，那么你想想还有谁能够超越你呢？

我们都知道美国的 IBM 公司一直以来都是大型计算机的生产巨头。在 20 世纪 80 年代的时候，小型个人电脑已经初见端倪，但是 IBM 的领导者们并没有认识到这一点，他们对生产这样的小型电脑不屑一顾。结果最后当苹果、戴尔等个人电脑大行其道，并改变了人们的生活方式的时候，IBM 才发现自己的脚步已经慢了一拍，甚至后悔。

记得早在 20 世纪 70 年代以前，美国所生产的汽车都是以宽大、舒适、排量大而闻名于世。但是随着世界上能源资源的逐渐紧缺，一些精明的生产商认识到小排量的节能汽车将越来越受到消费者的欢迎。

所以，通用、福特汽车公司立即就转变了自己的生产战略，开始生产排量小的汽车，而当时著名的克莱斯勒公司却没有认识到这一点，依然生产大排量汽车。

没过多长时间，当第一次石油危机来临的时候，小排量汽车大受欢迎，通用、福特公司也顺利渡过了这次危机。而克莱斯勒公司却因此而损失惨重，公司车库里面堆积着成千上万的大排量汽车，仅仅在 9 个月的时间内，公司就已经亏损了 7 亿美元，也创下了美国企业亏损最高纪录。

可见，时刻关注本行业的发展动态是我们每一个人应该具备的基本素质，如果没有做到这一点，那么做任何事情都不会成功。

可以说，敏锐的洞察力和前瞻性的眼光，是每一个成功人士的杀手锏。你一定要争取做本行业的领头羊，这样你收获的不仅仅是个人的成功，更是人生的成功。

2. 机遇总属于乐观者

——赢在三秒钟——

一个人不应该太在乎自己脚下的土地，而要保持一种好心态，要懂得改变自己，学会适应生活。一个人的成功与否很大程度上取决于他的心态，而不是脚下的土地。

有人说："失败者最缺的不是钱，而是一个平台。"我们仔细地去观察生活，会发现这句话说得很有道理。无论做什么事情，我们都需要一定的平台，而你成就的大小，不一定在于你平台的大小。其实，从某种意义上来说，一个人的心态决定了一个人未来成就的大小。

在陕西咸阳市西北方向有一个很贫穷的村子，在村子里面有一个特别喜欢画画的男孩子。可是，在这样贫穷的村子里根本就没有像样的美术课本，小男孩只能照着一些书中的插图随便画画。

有一天，村长到小男孩家里面做客，看见了在一边专心画画的小男孩，便问小男孩的父亲："你的孩子在忙什么呢？"小男孩的父亲说："这娃在画画呢，他从小就喜欢画画，我要把他培养成画家。"村长看了看小男孩笑着说道："就他这样胡乱地涂画也能成为画家，那太阳真

第八章 心态好，才是真的好

的要从西边出来了。"

虽然这句话是村长和小男孩父亲之间的玩笑话，但是这个脾气倔犟的小男孩却牢牢地记在了心里，并且暗自发誓将来一定要出人头地，让村长看看。

在男孩初二那年，由于他的画画特长，顺利地进入了县城的一所优秀中学。由于他家离县城很远，所以他成了他们班唯一的一个住校生。可是学校当时并没有集体宿舍，男孩只好自己找地方。在学校不远的地方是一个菜市场，男孩在那里找到一间铁皮房子住了下来。

到了夏天，铁皮房子里面热得像蒸笼，使他常常彻夜难眠。到了冬天，房子又特别寒冷，再加上取水不方便，他便用脸盆装满雪来洗脸。在天气比较好的春秋季节，他会叫上他的好朋友们来到自己的家里玩，有时也会和大家一起画画，他的梦想也就从这里开始起航。

1990年的一天，男孩去了省城西安，在那里，他得到了良好的教育。他系统地学习了绘画以及平面设计等的课程。他通过自己的努力，成为了当地一个小有名气的摄影师。

1997年7月份，他带着自己的相机去了北京。为了进入时装摄影这个圈子，他到了一家时尚类的杂志社去面试，可是当时的老总并没有打算留下他。可他心中有着自己的梦想，他对老板说："我可以不要工资，你们先让我在这里干一个月，最后再决定是否录用我。"

一个月以后，他成为了这家杂志社的正式员工。从此，他也顺理成章地成为了一名时装摄影师。他开始逐渐与许多当红明星合作，拍摄了很多的时装照片。那时他才20几岁，可是已经在北京的演艺界和时装界声名跃起。

其实只要你的心态正确，你需要的土地会随着你心态的扩大而变大。一个人有什么样的心态，就会有什么样的追求和目标。拥有一个积极心态、乐观心态的人，他的人生目标肯定是高远的，有了高远的目标，也必然会为之努力奋斗。

王平和李欣是在同一场面试中被公司同时录用的两个人，她们的学历在公司也是最高的。她们以为自己到了公司肯定会被重用。可是，当公司领导给她们安排工作后，让她们很失望，她们干的活就和勤杂工没有什么区别。

李欣开始厌倦这样的工作了，天天都在留意招聘信息，打算有机会就跳槽，她把自己的工作放到了一边，经常无故迟到。王平稍微好一些，虽然她嘴上也总是埋怨，但是她还是能够安心地工作。因为她还有一个信念，相信总有一天自己会得到认可。

为了更早地得到公司的认可，王平开始深入了解公司的情况，不断加强自己的业务水平，熟悉工作内容。半年以后，王平被调到了一个十分重要的岗位上任职，终于结束了那种单调乏味的工作。

而这个时候，李欣还没有找到其他合适的工作，更加倒霉的是，公司已经给她递去了辞职信。

成功离不开好心态这并不是一句空话，记得法兰西第一帝国的皇帝拿破仑曾经说过一句闻名世界的话："不想当将军的士兵不是好士兵。"

其实这句话告诉我们，一个人未来的成就并不一定是靠着他拥有土地的多少，而很大程度上是他昨天的想法和今天的努力。

3. 怨天尤人，怎能成功

赢在三秒钟

在每件事情的发生过程中，都有可能隐藏着机遇。这种机遇是上天给你的恩赐，能帮助你更快更好地实现你的人生梦想，关键是看你能不能发现,能不能好好地把握。当你认真思考,你会发现每一个机遇好像都是从让人不满意开始出现的,而所有创新的机遇更是来源于人们的不满意,为此与其自己抱怨,不如好好地想一想在你的抱怨中,有没有可以发掘的机遇。

有的人会问机遇还有种类吗?是的,机遇也是可以分成不同类别的。那什么是创造型机遇呢?

其实,所谓创造型机遇,指的就是通过自己的努力而创造的机遇。总体来说,创造型机遇我们一般分为三个层次:一是主动创造机遇,说的是就是那些学习工作都一帆风顺的人,为了达到自己的更高目标而进行奋斗去创造机遇;二是为改变环境而创造机遇,指的是那些在学习或者工作中,对于自己的环境感到不是很满意的人为了改变自己现在的处境而进行的机遇的创造;三是在第二的基础上显得更为严重的被迫创造机遇,也就是指那些身处险境的人,他们感觉到自己的生存环境已经被其他事物所威胁,从而不得不为自己创造机遇的情况。

创造型机遇有着广泛的适用范围,甚至可以说每个人都离不开它。学生为了创造能在以后找到好工作的机遇而每天刻苦学习;工作的人为了自己的生存机遇,也会订下目标努力去奋斗。总之,不论什么情况下,我们要想生存,你就需要为自己创造机遇。

才永强是一家牙刷公司的总经理,五年以前他还只是这家牙刷公司的一个普通职员。说起这五年来的风雨历程,才永强真是历历在目。

记得那天也是一个再普通不过的星期一,前一天和朋友狂欢过后的才永强,一觉醒来已经快到八点了。他慌忙起身穿上衣服,冲进卫生间,匆匆忙忙洗脸刷牙,因为当时公司有着严格的考勤制度。

可能才永强太着急了,他的牙龈被刷出血来,在又疼又气之下他将牙刷扔进了马桶,顺手擦了一把脸便冲出门去。一路向公司狂奔而去,好不容易到了公司门口，离上班时间还有几分钟，他不才松了一口气。

这个时候，才永强回过神来，他感到嘴里有一股血腥味，到厕所去吐出来，原来是早上牙龈一直在出血。他心里不由得升起一股怨气：牙龈被刷出血的情况已经发生过许多次了，并非每次都怪他不小心，而是牙刷本身的质量存在问题。

才永强使用的是自己公司生产的牙刷，他越想越想不通，真不知道那些技术部门的人每天都在干什么，难道连一把不会伤到牙龈的牙刷都研制不出来吗？正在气头上的才永强，想也不想就冲向了技术科的办公室。

可是当他走到门口的时候，气就消了一半，因为他突然想起了大学导师的一句话："当你感觉不满的时候，不要去抱怨，要用自己的行动去把你所抱怨的东西变得让别人不会再抱怨，这也是成功的一条捷径。"

于是他把敲门的手又缩了回来，头脑也随之冷静下来。他想：技术部的人肯定也使用本公司生产的牙刷，肯定也遇到过牙龈出血的问题，没有解决说明他们也暂时找不到解决的方法。再说，自己试过其他品牌的牙刷，不也都有过牙龈出血的问题吗？这可能是牙刷厂家普遍遇到的技术难题吧。我与其去找技术人员抱怨，还不如自己去找解决的方法，说不定就找到成功的捷径了呢！

就是才永强这样的一个思考，从而改变了他的人生。从那天以后，才永强和几位要好的同事一起着手研究解决牙龈出血的问题。他们试过很多种办法，改变牙刷的造型、质地，甚至刷毛的排列方式，但是结果都不是很理想。

直到有一天，才永强无意中将牙刷放在显微镜下观察，发现牙刷毛的顶端都呈锐利的直角。这是机器切割造成的，无疑也是导致牙龈出血的根本原因。

原因找到了，他们便很快解决了问题，改进后的笑笑牙刷在市场上独占雄风。作为公司的功臣,才永强也从普通职员一下子晋升为部门经理。经过几年的努力,他已成为这家公司的总经理了。

事实上,正是这个机遇改变了才永强的人生。生活中的每一个人都有可能遭遇让人头疼上火的事情,这个时候如果你只知道去怨天尤人,那么你永远都不会成功,假如你能够想办法解决问题,那么也许你就能够获得改变人生的机遇。

4. 消极倦怠,平庸一生

赢在三秒钟

也许我们许多人都曾经为失去金钱、工作、地位、爱情等而伤心、哭泣过,但是你要相信,在未来的岁月里,一定还会有更美好的礼物在等着你。失去的东西只能成为我们人生经历的一部分,是我们的回忆,而只有现在和未来才是你真实的生活。

我们每个人的心里面都应该装着四个字:积极心态。因为它是获得财富、成功、幸福和健康的力量。

我们的人生充满了选择,而生活的态度可以说决定了一切。你用什么样的态度对待你的人生,那么生活就会以什么样的态度来对待你。你消极,生活自然就会不顺利;你积极向上,那么生活中你就会体会到许多快乐和幸福,在困难和挫折面前你也能够强大起来。

伟大的发明家爱迪生就是靠着他的智慧和勤奋,最后为自己建起了一个有着相当规模的工厂,而在工厂里面是设备相当完善的实验室,这些都是他几十年心血的结晶。

可是不幸的是，有一天夜里，他的实验室突然着火了，紧接着就是引燃了储存化学药品的仓库，几乎不到片刻的工夫，整个工厂就陷入了一片火海之中。

尽管当时的消防队已经调来了所有的消防车，但是还是没有办法阻止熊熊大火的蔓延。正当众人为爱迪生一辈子的成果即将毁于一旦而感到非常惋惜的时候，可是爱迪生却吩咐自己的儿子："快，快把你的母亲叫来！"儿子非常不解地问道："爸爸，火势这么大，已不可收拾，就是把全市的人都叫来也是无济于事了，何必还要多此一举呢？"没想到爱迪生却轻松地说："快让你的母亲来欣赏这百年难得一遇的超级大火啊！"

结果当爱迪生的妻子赶来的时候，居然发现爱迪生以微笑的姿态来迎接她时，她有些不解地说："你的一切都将化成灰烬了，怎么还能笑得出来呢？"

爱迪生回答说："不，亲爱的，大火烧掉的是我过去所犯下的错误，而我将在这片土地上重新建造一座更完善、更先进的实验室和工厂。"

可见，这是一种何其旷达的心境啊，在灾难面前，爱迪生的心态真的是让我们崇敬。

其实，当我们为了失去的某件东西过度悲伤是非常愚蠢的行为。因为你想想，你就算是为了失去的一切把自己毁灭了，又有什么用呢？而只有那些怀着一份旷达心境的人，才不会让自己总是沉湎在自己曾经拥有的东西里面，而是会怀着对未来的无限憧憬重新开始更加美好的创造。

拥有积极心态的人对一些繁杂的事情他们总是看得很开，因为他们觉得，人生在世，不如意的事情十之八九，不管自己付出多大代价也是徒劳，什么也带不走。

为此，他们总是抱有人生在世要快乐的心态，不管从事什么职业，

第八章　心态好，才是真的好

也不管曾经取得过多么辉煌的成就，他们始终不骄不躁，得意时淡然，失意时坦然，不会因为自己取得一点成就，就让自己成为一个故步自封、自以为是的人。

那么如何让自己能够拥有积极乐观的心态呢？

第一，主动寻找积极的一面

假如有一个装了半杯酒的酒杯，你是盯着那香醇的下半杯酒，还是会盯着那空空的上半杯呢？有的时候，当我们以不同的心态去看待身边的事物，那么就会收到不同的效果。

第二，与乐观的人交朋友

很多成功人士身边都是一些心态积极乐观的人，因为我们可以从他们身上学到积极的思想和情绪。而如果你身边都是一些悲观的朋友，你可能也会受他们的影响，让自己也悲观起来。

第三，让自己与那些不幸的人相比

当你情绪低落的时候，不妨去看看自己的周围，看看这个世界，想一想在世界上除了自己的痛苦之外还有多少不幸，这样你可能会感触很多。

总之，心态对于一个人的影响是巨大的，当我们拥有良好、积极的心态，我们做事情才会更加自信，反之，我们则可能犹豫不决，错失良机。

所以说，人们常说："良好的心态是成功的催化剂。"

5. 自信乃抓住机遇的法宝

赢在三秒钟

职场上的成功人士无时无刻都在充分相信自己的能力，深信自己必能成功。我们千万不要认为自己的能力有限，你可能会比现在更好，只要你敢于尝试，勇于拼搏，不断进取，不懈地追求自己的梦想，你就能真正拥有自信，取得非凡的成就。

自信是每一位成功者所具备的优秀品质。不管是在哪个领域里，自信的人更容易获得成功。

可以说自信是成功的秘诀，也是职场上必不可少的一把金钥匙。在这个世界上，人们对于充满自信的人总是会特别的尊重和崇尚，因为自信是一种积极的人生态度。自信能够向别人表明一种乐观，是对自我能力、优势的认可与肯定。而且自信还可以使一个人相信自己有能力冒风险，敢于接受各种挑战和工作任务，并信守承诺，实现理想。

在这个世界上，自信心是我们每个人自己创造出来的，而没有自信就没有一切，自信是成功的基石。如果一个人能够树立起巨大的雄心和拥有坚定的信心，那么他势必会成为时代的弄潮儿，成为未来的掌舵者。

在公司里面，可能你的才华并不出众，而实力也比较薄弱，甚至自己只是一个不起眼的小角色，老板根本就不在意你，但是，这个时候自信就是你求得生存的可靠法宝。你可以积极主动地工作，发挥自己的特长，在拼搏进取中展现你内心的特质：自信和热情。相信有一天，你会在同事中脱颖而出，鹤立鸡群的！

而这一切就是因为你十分相信自己，任何人、任何困难和挫折都无法打击你的自信心，反而对你刮目相看了。最后，你就获得了成功。

著名的汽车生产商福特就是一个非常自信的人，早在福特开发V型引擎的时候，他面临了一个又一个困难。

福特想要制造一个8汽缸的引擎，当他把构想蓝图拿给技术人员看的时候，结果遭到了一致的反对。技术人员告诉他，根据理论，8汽缸引擎的制造是不可能的。但是福特却坚信可行，他要求公司的技术人员不管花多少时间和代价，一定要开发出来。

最后在福特的坚持下，整整花了一年多的时间，经过技术人员的不断研究和试验，终于突破了困境，完成了8汽缸V型引擎的制造。

而福特的成功也正说明了信心的力量是多么的伟大，自信与金钱、权力、出身相比，这才是我们最重要，也最需要的东西，它是你从事任何事业最可靠、最有价值的资本。

让我们细细看那些卓越的人物，他们在自己成功之前，总是充分相信自己的能力，深信自己一定能获得成功，所以在做事情的时候，他们就会全力以赴，坚持不懈，直到最后胜利。

自信是一个人健康的心理素质，拥有了自信心，丑小鸭也能够变成白天鹅。我们每个人要想获得成功，自信是第一要素。不管你现在处于何种地位，收入如何，这些都不重要，重要的是看你有没有自信！

现实中有的事情不是因为我们难以做到，才失去了自信，而是因为我们没有自信，没有去做，最后痛恨自己失去了成功的机会。

6. 乐观开朗，主动做事

赢在三秒钟

当你用积极的心态去支配自己的人生，就会拥有积极奋发、进取、乐观的思想，能够积极主动的正确处理人生遇到的各种困难、矛盾和问题。而当你持消极态度对待人生，就会经常抱怨生活的不如意、工作的不是顺利等。

拥有乐观可以使人充分享受每一分钟的快乐，拥有开阔的视野、清醒地知道自己应该做什么，而且还可以使人在遇到困难挫折，面对逆境的时候，时刻保持清醒的头脑，客观地认识自己，迅速找到正确的出路。

可能在某些情况下，我们是无法通过自己的努力去改变生存状态，但是我们可以通过精神的力量去调节心理感受，尽量的把我们的状态调整到最佳，而这就是乐观的心态。

唐帅是一家饭店的经理，他每天上班都是笑呵呵的，心情总是很好。当有人问他近况如何的时候，唐帅总是回答："我非常快乐。"

在唐帅身边，如果他发现哪位同事心情不好，他就会告诉对方怎样看事物的正面。唐帅说："每天早上，我一醒来就对自己说，唐帅，你今天有两种选择，你可以选择心情愉快，也可以选择心情不好。我选择心情愉快。每次有坏事情发生，我可以选择成为一个受害者，也可以选择从中学些东西。而我会选择后者。人生就是选择，你选择如何去面对各种环境。归根结底，你得自己选择如何面对人生。"

有一次，唐帅忘记了关门，结果被三个持枪的歹徒拦住了，歹徒还朝他开了枪。幸运的是，由于事情发现得及时，唐帅被迅速送进了急诊室。经过医生十几个小时的抢救和数月的精心治疗，唐帅终于出院了，但是仍然有一小部分的弹片留在他的体内。

半年之后，有一位老朋友见到了他，并问他近况如何，唐帅还是说："我快乐无比。"而且还主动问这位老朋友想不想看自己的伤疤，当那位朋友看了他的伤疤，然后问当时他想了些什么。唐帅回答说："记得当时我躺在地上时，我对自己说有两个选择：一是死，一是活。我选择了活。医护人员都很好，他们认为我会好的。但在他们把我推进急诊室后，我从他们的眼中看到了'他是个死人'。我知道我需要采取一些行动。"

"你采取了什么行动？"这位老朋友非常好奇地问道。

唐帅说："有个护士大声问我有没有对什么东西过敏。我马上答，

第八章 心态好，才是真的好

有的。这时，所有的医生、护士都停下来等我说下去。我深深吸了一口气，然后大声吼道：'子弹！'就这样，在一片大笑声中，我又说道：'请把我当活人来医，而不是死人。'"最后唐帅就这样活下来了。

可见，我们一个人持有什么样的心态，往往会直接影响到我们对生活、工作、家庭、婚姻以及人际交往等种种事情的态度。

人生是不可能一帆风顺、事事如意的，当你遇到困难和挫折的时候，应该适时地保持乐观的心态，自己要这么想："没有过不去的门槛"、"退一步海阔天空"，千万不要让悲观的心态去侵蚀自己的宝贵时间和生命，不要让消极的心态阻碍对生活的享受和热爱。

你的生活是否快乐，你的工作是否顺利，这些完全取决于你对待生活和工作的态度；因为，生活是由思想造成的。如果我们总是想一些欢乐的念头，那么我们就能欢乐；可是如果我们想的都是悲伤的事情，我们自然就会悲伤。

俗话说："比地大的是天空，比天大的是人心。"乐观的心态需要有一颗豁达的心胸。乐观的人能够应付生活险境，掌握自己的命运。乐观的人即使发现事情变糟了，也能迅速作出反应，找出解决的办法，确定新的生活方案，乐观的人是永远不会对人生表现出失望、绝望的。

7. 天道酬勤实乃成事之道

赢在三秒钟

人生成功的漫漫征途不会一帆风顺，古今中外无数杰出的先行者，尽管他们每个人走过的人生道路各不相同，但是仔细审视他们留下的每一步奋斗的足迹，就会发现："锲而不舍"这四个字始终伴随着他们。

俗话说："夫志，气之帅也。"意志是人精神的统帅。它是在人们实现目标的过程中，有意识地支配和调节自己的行为，从而所产生的一种顽强、锲而不舍的心理体验。

一个人失去了意志，也就失去了灵魂。爱迪生说过，"伟大的人物最明显的标志，就是他坚强的意志，不管环境变化到何种地步，他的初衷和希望仍不会有丝毫的改变，从而最终克服障碍以达到期望的目的。"

意志也是每一个人成功的脊梁。在现实的生活中，我们每个人都想获得成功，而只有那些意志坚强的人，才能到达成功的彼岸。因为意志顽强的人在面对沉重的压力、巨大的挫折的时候，总是会以坦然处置的态度来笑傲人生。可是意志薄弱的人在面对这些事情的时候，就会垂头丧气、一蹶不振。

人们一旦拥有了铁一般的意志，就会自觉克服认识过程中的各种困难，有效地发展自己的各种能力，比如注意力、观察力、记忆力、想象力、思考力和创造力等，坚强的意志可以让我们经受住惊涛骇浪的考验与狂风暴雨的打击，走出一片黑暗，迎来光明。

在很多情况下，好像成功总是与你无缘，其实并不是因为你不够努力、不聪明，而是你缺少了坚强的意志。

古今中外很多有成就的思想家、科学家都是以惊人的毅力长期地坚持苦干，战胜难以想象的困难获得了如今的成就。例如，达尔文写《物种起源》花了20年；托尔斯泰写《战争与和平》花了37年；马克思写《资本论》花了40年。

记得前苏联著名作家高尔基说过："生活的情况愈艰难，我愈感觉到自己更坚强，甚至也更聪明。"可见意志既来源于与生俱来的本能，更源自成长过程中对人生价值追求的主观愿望的选择，以及外部环境的压力赋予自身发展的激发力量。

毫无疑问，先进的思想、超前的感悟，必然激发出创新的意识和冲

第八章 心态好,才是真的好

动,但是任何事业的成功不是仅仅靠冲动就能够达到的,还需要一种持久的动力和百折不挠的精神。而这种精神正是来自于人们内心深处对社会的责任承担和个人成功的渴求,这才是人的意志源泉。

古希腊的杰出的思想家亚里士多德说过:"抱着尝试的心理,是那些永远也不会成功的人的愚蠢的做法。"

在数学界,有一个著名的第五公理,引来多少人想要证明它。但是这些人没有足够的毅力,最后都失败了。相反,如果他们能抱着坚持到底,也许情况就会有所改变。

当年,正当许多人哀叹第五公理无法论证时,却有两名坚毅的德国科学家一举将它征服。这说明:事业能否成功,一方面在于是否有百折不挠的斗志;另一方面更在于锲而不舍的精神。

而现如今我们有一些人,看到画家,想学绘画;看到音乐家的风度,又想学音乐……看到什么就开始羡慕,随意改变自己定下的目标,这其实是我们很多人难以成功的致命伤,做任何一件事都不愿多下工夫。

"锲而舍之,朽木不折"道理早在两千多年前的荀子就告诫过我们了。荀子曰:"骐骥一跃,不能十步;驽马十驾,功在不舍。锲而不舍,金石可镂,锲而舍之,朽木不折。"可见,只有锲而不舍,我们才能够获得成功。

我们的发展就好像是大海航船,而只有凭借这种精神,才可能到达知识的彼岸。学习其实是一件苦差事,它既不生动也很无趣,但是只要我们明白了学习的重要性,能够坚持不懈地努力下去,才能赢得鲜花和掌声。因为你要明白,没有不劳而获的事情,只有锲而不舍才会成功。

"锲而不舍,金石可镂。"一个人要想建功立业,就需要有坚强的意志,一个国家要想强盛,更需要坚强的意志。

现如今。我们正处于一个竞争的时代,竞争不仅是资本的竞争,知识的竞争，也可以说是意志力的竞争。这样就要求我们在新的形势下，将个人的意志与集体意志、国家意志联系在一起，这样才能更加符合时代竞争的需求，才更容易获得成功。

8. 坚持不懈，机遇也会被你感动

> 赢在三秒钟

做事情并不是像我们想象的那样一帆风顺，成功更不是信手拈来的，这些都需要我们的耐心和努力。假如困难和挫折在前方等着你，那么你更应该有信心和勇气坚持下去，因为你只有经得住这种考验，才能够抓住机遇。

在生活当中，有些人不管做了什么事情，在自己刚开始的时候会觉得很新鲜，可是过一段时间，就会觉得索然无味。

特别是对于刚刚进入职场的人，一开始的时候都是胸怀大志，满腔激情，大有一番要大展宏图之势。可是让我们感到遗憾的是，他们这样的激情往往维持不了多长时间，就会慢慢消失，最后以一种"做一天和尚撞一天钟"的心态工作。

如果你现在就是这样来对待自己工作的，那么在一段时间之后，当你重新审视自己工作的时候，你会发现，别人都是在进步，只有你自己在原地踏步。而原因就是因为那些能够不断进步的人在对待工作的时候，能够坚持住自己的最初的激情，始终像第一天那样去对待工作，把敬业精神贯彻到底；可是你却半途而废，得过且过。坚持，说起来简

第八章 心态好,才是真的好

单,但是做起来却很难,特别是当你在得不到任何人肯定的情况下。

有一支探险队到沙漠里面进行探险,结果不幸遭遇了风沙,其中有两个人掉队了。在荒无人烟的沙漠中,这两个人随身携带的水也喝完了,他们如果再找不到水源,两个人就只能被活活渴死了。最后,他们经过商量,决定一个人留下来看行李,另一个人去寻找水源。

那个去找水的人在临走的时候递给看行李的人一把手枪,然后对他说:"这个枪里有4颗子弹,你每隔一段时间就向着天空打一枪,这样我就能顺着枪声找到你。"说完他就去找水了。

时间很快就过去了,当枪膛里只剩下一颗子弹的时候,找水的人还是没有回来。等在原地的人变得越来越绝望,他不断地猜想自己的同伴没有回来的原因:是被野兽吃掉了?还是已经渴死在找水的路上了?难道他自己找到水不管我了?

这个人越想越害怕,感觉死神马上就要来到他的身边。最后,他再也受不了了,他拿起枪,对着自己的脑袋扣动了扳机。

可是半个小时之后,当找水的人拎着水壶,寻着枪声赶回来时,看到的却是同伴的尸体。

任何事情都离不开坚持,本来那个看行李的人,如果再坚持一下,就能够摆脱死神,等到同伴的救助,可是却因为自己的毅力不够,而选择了放弃。

真的是让我们觉得太可惜了,这就好像我们身边的很多人,刚做一件事情的时候往往都是充满了梦想,饱含着激情,思索着通过怎样的方式才能取得成功。也就是在各种梦想的驱使下,让自己能够充满激情、充满着斗志的做事情。

当然,在这样积极心态的刺激下,做起事情来自然是踏踏实实,绝不会出现半途而废的情况。

然而随着时间的不断流逝,很多人再也坚持不下来了,做事情推三阻四，不认真，不积极，再也找不到最初的那份状态了。

周琴是一位大学即将毕业的大学生，当时学校已经给他联系好了实习单位，让他第二天去报到。第一次参加工作的周琴，他心里不免会紧张，因为如果自己在实习期间表现得好，那么等到将来毕业的时候就不用为找工作的事情发愁了。

第二天上班的时候，周琴穿着正装，乍一看简直是一个十足的都市小白领的形象。但是生活中周琴却不是这样的，平时他属于不修边幅的类型，所以尽管长相不错，一直没有找到女朋友。

也就是为了这份工作，周琴毅然改变了自己的风格。很明显，周琴的改变收到了不错的成效，不管是上司，还是同事对他的第一印象都非常好。

就这样，实习期很快就过去了，在离开公司的那一天，周琴收到了上司的聘书。他如愿以偿的可以到这家公司上班了。

周琴心里别提多高兴了，开始的时候他也和实习时一样认真工作，他认为自己这样一定能得到上司的提拔。

结果每次公司有人事调动信息，他都是满怀希望，但是事情往往不尽如人意，几次升职都没有周琴的分儿。

就这样，慢慢的周琴就没有了当初的干劲儿，自己也不在乎穿着打扮了，而且还有几次因为一点小事情和同事发生了争执，对工作也是马马虎虎，和实习的时候真的是判若两人，上司对他也是越来越失望。

能够像第一天那样去工作，就是要克服工作过程中可能出现的挫折和失落；就是要让我们自己发挥坚强的意志力和勇于拼搏的精神；让我们每一天都能够充满斗志，激情做事。

9. 拥有主见，机遇自现

> 赢在三秒钟

自己拥有主见，相信自己而不随波逐流，我们只有具有这样的态度，才可能做事情充满自信心，因为心理会影响我们的表现，所以请记住：做自己的主人，不做他人的奴隶。

人类是群居动物，每个人总是生活在一定的群体当中。既然我们的生活离不开别人，那么，周围人的意见和看法无疑对自己是有着非常重要的作用和影响。在很多时候，周围人们的意见和想法对自己有着启发和帮助作用。但是也有的时候，周围人们的意见和想法会动摇你的梦想、意志，甚至是做事情的决心。

有这么一则小故事：一群青蛙在高塔下面玩耍，其中一只青蛙建议："我们一起爬到塔尖上去玩玩吧。"其他青蛙表示赞同。于是它们便聚集在一起相伴着往塔上爬。

可是爬着爬着，其中有一只聪明的青蛙觉得不对，"我们这是在干什么呢，又渴又累的，我们费劲爬它干什么呢？"大家都觉得它说得不错。于是青蛙们都停下来了，只剩下一只最小的青蛙还在缓慢地坚持着。

这只小青蛙不管其他青蛙怎样在底下嘲笑它，自己就是坚持不停地爬。过了很长时间，它终于爬到了塔尖。这时，众青蛙不再嘲笑它了，而是在内心里都很佩服它。等到它下来以后呢，大家更是佩服它，赶紧上前问它说到底是一种什么样的力量支撑着你自己爬上去了？

可是答案真的很有意思，而且出乎意料：原来这只小青蛙是个聋子。它当时只看到了所有人都开始行动，但是当大家议论的时候它根本听不见，所以它以为大家都在爬，它就一个人在那儿晃晃悠悠不停地爬，最后自己就创造了一个奇迹，它居然爬上去了。

正是由于小青蛙听不到其他青蛙的议论和嘲笑，才坚持到最后。也就是说，它没有被其他青蛙的意见所左右。可是，如果这只小青蛙不是聋子，听到别人的议论之后它还会冒着干渴和劳累继续往上爬吗？在别人的嘲笑声里它还能一如既往地坚持自己的目标吗？

任何一个有着正常思维的人都不会对他人的评价不理不问，我们谨言慎行就是不愿意授人以柄。

在很多时候，别人的议论，别人的说道，别人的观点，甚至是别人的态度都会对自己的心情和行为产生极大的影响。

例如，在比赛场上的拉拉队员无疑会影响到运动员的成绩，至少会影响到运动员的士气。很多时候，他人的意见可以说是我们自己行为的一面镜子，而我们总是在别人的眼光中不断调整自己的人生目标。

但是，当我们认准了一个目标，而且已经下定决心要实现这一目标的时候，就不要太在意别人的说法和看法。如果老是被别人的看法来左右自己，没有自我主见，那么一辈子都可能是在别人的脚下，终将一事无成。

当我们有了一些新奇、特殊的想法，想要做别人没有做过的事情的时候，一定要顶着舆论的强大压力。这时候如果没有勇往直前的精神，没有旁若无人的执著，没有不达目的誓不罢休的决心，那是无论如何也到达不了理想的彼岸的。

我们经常把"自以为是"、"刚愎自用"认为是愚蠢。但是"唯唯诺诺"、"随波逐流"、"没有主见"更是愚蠢。

第八章 心态好,才是真的好

纵观中外历史,无论经济还是政治,只要是成功人士都有一个共同的特点那就是:做人有主见,处事敢决断。胆小怕事的"鸵鸟人"和人云亦云的"鹦鹉人"是永远不会获得成功的。

遇见事情有主见,要建立在对客观事物拥有正确的认识和判断的基础之上,只有拥有政治高度的人的主见才会是真知灼见,坚持正确的主见才会取得被社会认可的成功。

做人有主见不是一件容易的事情,但是能够坚持主见则更难。所以,要想成功,就让我们努力把自己培养成一个有主见,并且敢于坚持主见的人吧!

10. 不满足是前进的机遇

赢在三秒钟

永远不满足自己现有的成就,时刻以更大的热情去争取更大的成功,一个不断地给自己施加压力、不断地给自己创造成功机会的人,他们的人生发动机才不会熄火,生命之舟才不会停止。

一个人总是安于现状、不思进取,那么永远都不会进步,甚至当别人都在追求进步的时候,原地踏步就成为了一种后退。

在生活上,我们可以满足于每天的粗茶淡饭,也可以满足于身上的穿着打扮,但是在工作和事业上,我们却不能满足每天"做一天和尚撞一天钟",更不能满足于一辈子碌碌无为地跟在别人后面做事情。我们应该有一种不满足的心态,因为只有不满足才能够激发我们的进取心,为我们的成功的人生带来机遇。

明朝末年的著名文学家张博，他从小就酷爱学习，而且年纪不大就已经掌握了很多知识。长辈们对于他的成绩都是非常满意，夸奖之声不绝于耳，可是张博本人却从来没有沉浸在被夸奖的喜悦中，而是发现自己的记忆力还不是很好。张博认为如果自己记忆力好的话，还会有更大的进步。

于是，张博为了弥补这个缺憾，他决定采取一些增强记忆的措施。他首先开始要求自己，凡是自己所读的书一定要亲手抄写，抄写一遍之后再朗诵一遍，然后就将其烧掉，再重新抄写和朗诵，如此这番抄诵六七遍，直至可以熟练背诵了才可以。由于张博长时间地抄写，他右手握笔的地方长出了厚厚的茧子。

每到冬天的时候，张博的手指都冻得裂口，甚至是冻僵，以至于每天都要在热水里反复浸泡好几次才能屈伸。

后来，张博为自己的书房命名为"七录斋"。而他如此勤奋学习，坚持不懈的态度，也让他终于成为了明末著名的文学家。

后来，由于张博的写作思路敏捷，很多人慕名而来，向他索取诗文，而张博赠予别人的诗文从来不打草稿，都是当着来客的面一挥而就，为此名噪一时。

其实不难看出，张博之所以会有如此的成就，这与他从小坚持抄诵诗文是密不可分的。而他之所以如此严格地要求自己，冬练三九、夏练三伏，就是因为他不满足自己当前的成绩，也正是因为这种不满足给他创造了机遇。假如当时张博满足于自己的成绩，或许他也能成为一个优秀的人，但是绝对不会有今天这样大的成就。

这就是机遇，它会让一个人走上更高一层的台阶，而这个机遇的前提是不满足于现状的要求。

还有一位著名的京剧艺术家梅兰芳先生，他在自己刚刚学戏的时

第八章 心态好,才是真的好

候,发现了一个很不利的条件就是自己眼皮下垂,迎风流泪,眼珠转动不灵活。"巧笑倩兮,美目盼兮",唱旦角的,眼睛不能传神,那是不行的。于是很多亲戚朋友都开始为他担忧,而梅兰芳也开始为此发愁了,总想着用什么办法改善这种不足。

后来一个偶然的机会,他发现看飞翔的鸽子可以使眼珠变得灵活,于是,他开始每天早晨起床后就放鸽子高飞,盯着它们一直飞到天上,然后,在一群鸽子里,他还要仔细辨认哪只是别人的,哪只是自家的。最后,他不仅改善了自己的不足,还练就了舞台上那一双神光四射、精气内含的秀目。

我国著名的画家齐白石原来是一个木匠,他是靠自学成了著名画家,而且最后还荣获世界和平奖。可是,对于眼前如此辉煌的成就,齐白石从来没有满足过,为了取得更大的成功,他不断地从历代名画家那里汲取长处,以丰富自己的作品内涵。他60岁以后的画跟60岁以前的画是明显不同的,而到了70岁以后,他的画风又发生了改变,甚至到了80岁以后,他的画风比起80岁以前也有很大的变化。

据说,在齐白石的一生当中,他的画风至少发生过5次变化。即使是在他80高龄以后,他还是不满足于当前的作品,依然每日挥毫泼墨,练习不止。

有时候,因为家里来了客人或是身体不适一时不能作画,过后他也一定要把画补出来。正因为齐白石在一次又一次的成功之后还不满足,一心想着改进自己的技艺,所以,他晚年的作品要比他早期的作品成熟很多,形成了别具一格的流派与风格。

大千世界,成功的方法有很多种,或者笨鸟先飞,或者努力付出、不怕吃苦,或者不满足于现在的成绩,但是无论你是采取哪种方法,都是为了给自己寻找和创造机遇,让自己最终迈向成功。

11. 邪念产生的机遇不可要

赢在三秒钟

在人生的道路上，你遇到了机遇，不可盲目去抓，先要及时而准确地做出判断，看看这个机遇到底会把你带上人生的巅峰，还是会把你引入歧途。当你选择去抓那个引你走上歧途的机遇后，你也就为自己选择了一条人生的不归路。

邪念往往是因为我们的欲望而产生，适度的欲望是能够成为激发人追求成功的动力，可是一旦欲望太强，让邪念占据了我们的整个心灵之后，就会有相反的效果，甚至会导致悲剧的发生。

许多看起来好像是机遇的东西，其实就好像是海市蜃楼，所以，我们要学会擦亮自己的双眼，千万不要被一些虚幻的事物所蒙蔽了，更不要让邪念侵入心灵，不然的话，即使是有机遇来到你的身边，可能整个机遇也只是带给你一时的好运与繁华，而最后还是会离你远去，让你后悔一生。

约翰因为误伤他人被判入狱 3 年，为此女友也要和他分手，母亲听到这个消息后气出了病，现已卧床不起。约翰知道这一切后内心很难过，想要再见女友一面，也想在母亲的身边照顾一下年迈的母亲。

于是约翰暗暗琢磨起逃跑的计划来。他学着电影《越狱》里面的方法，用一张报纸做掩护，在做工的时候偷了一把小刀，花了好几个月的时间，终于用小刀把墙上的一块砖掏空了一半。

第八章 心态好，才是真的好

可是有一天，当狱警杰克在例行检查的时候，无意中发现了约翰的秘密，但是由于平时杰克和约翰关系还不错，他也知道约翰为什么想要逃走，他也是有母亲的人。所以，在杰克的心中非常同情这个年轻的约翰，于是并没有揭穿此事。

杰克小声地对约翰说："你知道墙的那边是什么吗？"

约翰战战兢兢地回答："外……外面是自由……我……我想看看我母亲，她已经快不行了……"

杰克微微一笑说道："唉，其实那边就是死刑室。"

结果很快，杰克就给约翰换了一间囚室，约翰也因此感激杰克的帮助，更是因为死刑室让他吓破了胆，约翰也就再也没有动过逃跑的念头。

就这样，3年的时间很快就过去了，约翰出狱了，他开了一家小酒吧，女友也重新回到了他的身边，母亲的身体也日益好起来了，日子过得还算不错。

有一天，约翰正在酒吧里面忙活，而一个穿着非常体面，可是神情却非常沮丧的男子走了进来，向约翰要了一杯威士忌。当约翰把威士忌端给他的时候，约翰突然惊呼起来："杰克警官，是你吗？还记得我？我是约翰啊！"

那个男子愣了一下，显然他已经认不出约翰了。"我是约翰啊，警官，约翰，挖砖的那个……"约翰控制不住心里的激动兴奋地说，"多亏你当年帮了我啊，发现了我挖砖没有告发我，要不然我现在可能还在监狱里呢！"

杰克喝了一大口酒："嗯，那是该祝贺你获得了新生。"

"有什么不开心的事吗，杰克警官？"

"我因为那块砖救了你，可是现如今却害得我自己要进监狱了。"

约翰大吃一惊，赶紧问到底是怎么回事，杰克一脸的无奈，非常后悔地说出事情的原委。

原来,当年杰克给约翰换完牢房以后,并没有及时将砖头补上。后来杰克在经济上遇到了一点麻烦,于是他就在那块砖上打起了主意。

每次新搬进去的犯人只要发现了那块砖,并动了它,他就暗示他们贿赂自己,不然就让他们背上越狱的罪名。终于,有一次他被一名犯人告上了法庭。杰克一口喝完了杯中剩下的酒,叹息道:"早知今日,何必当初呢。我救得了别人,却救不了自己。"

其实,人生有的时候就是这样,同样的事物你把它向善的方向考虑,它就把你朝着好的方向引导,反之,你如果因为它而产生邪念,那么它也会引导你做出错误的事情。

12. 妥协也是寻求机遇的一种方式

赢在三秒钟

妥协并不是简简单的忍让,而是在知己知彼的基础上达成的一种共识。如果你只知道一味地固执,可能会让你失去更多的机遇。我们本来就是为了做事,只要能够把事做成了,在保持原则的前提下妥协一下又有什么不可以呢?

坚持自我是没有错的,但是过于固执,明明知道自己错了,还不知道改,那就不对了。虽然说"退一步海阔天空",虽然很多时候,机遇是靠我们争取来的,但是换一种方式,妥协一下也未尝不是一个好办法。

第八章 心态好,才是真的好

有一只蝉到了冬天,实在是饿的过不下去了,于是只好去请蚂蚁给它点食物。蚂蚁问它:"我们夏天在存储食物的时候你干什么去了?"蝉非常骄傲地说:"整个夏天我都在为人们唱歌呢!"蚂蚁听后不屑地说:"那这样的话,你为什么不在冬天的时候去跳舞呢?"

这其实是一个很有意思的小故事,当然也告诉我们了一些非常实际的道理。我们很多人在自己年轻的时候就好像是那唱歌的蝉,他们不但看不起辛苦工作的蚂蚁,甚至还会嘲笑它们,觉得人这一辈子不应该成天就知道忙碌、操劳,太庸俗了,在他们的眼中,觉得蚂蚁这样的生活理想实在是不值得一提。

因为很多人都觉得,在年轻的时候,日子就应该是载歌载舞地过,应该像彩蝶飞舞一样轻松快乐,他们不愿意去服从谁,更不想去听谁的劝告,他们总是说自己不要去做小市民,因为他们要活出不一样的人生,拥有自己的精彩。

可是人生如夏,来去匆匆。也许还没有等到他们玩得尽兴,一转眼就是夏末秋初了。到那时,他们发现,想要自己生活得无忧无虑已经成为一个难题了,于是他们只好去找新的生存方式让自己的生活继续下去。

其实,夏天唱歌跳舞并没有错,错就错在有的人会把这种日子当成一种生活目标。我们应该在玩乐一段时间之后就要收心了,应该好好考虑一下自己以后的生活方式,朝着这样的方向进行转型。

人生的这个阶段,大概也就是27~36岁之间,这个时候的人还算不上老,但又比只懂得唱歌的"蝉"的时期多了一些经验,还比只知道埋头工作的"蚂蚁"多了一些激情。这可以说是人生最为关键的一个时期,而这是一个奠定基础的时期,你未来的事业、以后的家庭、将会拥有的财富等都会这个时候开始出现。

当然,这也是一个需要你努力、付出、拼命的时间段。虽然不能说过了这时期就再也没有好日子了，但是一旦错过了这个时期，你要想过上好日子可能会比较困难，时间更长久。这是一个人成熟曲线快要达到最高点的阶段，如果你把握好了，那么就能够迅速掌握一种过好日子的能力。

在一次车展上，记者采访了一位很有才华的汽车设计师，他当时为这个车展设计了一款非常漂亮的概念车。当记者问他："您认为作为一个优秀的汽车设计师最重要的素质是什么呢？"结果这名设计师的回答让很多人感到非常惊讶，他说："我想，应该是妥协吧。没有妥协，也就没有这些新车的问世。"看着记者疑惑的表情，他又继续说道："不过我说的妥协不是没有原则地唯唯诺诺，而是建立在有自知之明的基础上的。"

对于这位设计师的回答，可能很多人都不能理解，难道妥协也是一种走向成功素质吗？如果真的是这样的话，那么我们以后不管做什么事情只要妥协好了，这样我们就能走向成功了！

如果你真的有这样的想法，那么显然是不对的，因为妥协并不是没有原则一再让步，而是要在了解自己的实力的情况下，减少一些傲气，减少一些轻狂，减少一些浮躁。所以，在你大喊"我的青春我做主"时，别忘了看看自己做主做得是否正确。

其实真正的"妥协"绝不是简单的让步或者放弃，而是在知己知彼的基础上达成一种共识。无论是在生活、学习中，还是在工作、创业中，"妥协"都可以说是一种艺术。

对于家庭成员之间的关系，适时地做出妥协会让家庭变得更加和谐；对于学习过程中所遇到的难题，适时地妥协会让你重新整理出另一套思路来将其完成；而对于工作中的妥协，会让你赢得领导的赏识、同事的好感；对于创业中的妥协，会让你不盲目冲动，不去硬碰硬地做那些不适合自己做的事情。

所以说，妥协就是一种智慧，而且更是一种勇气。学会妥协，善于妥协，不仅能够表现出一个人的谦逊，而且也体现出了一个人的柔韧。

我们特别要注意，别充当"刺儿头"，俗话说"枪打出头鸟"，偶尔的低头其实是为了让自己以后能够把头抬得更高，埋头就是为了给自己以后的出头打下坚实的基础。

因此，在以后，该妥协的时候就妥协一下吧，在坚持原则的前提下进行妥协会给自己埋下更多实现自我价值的机遇。

13. 自我反省是一种境界

赢在三秒钟

一个人要想获取前进的不竭动力，就必须不断反思自己。无论任何人，都要在做完事情之后，好好反省自己，时刻自我反省，只有这样你才能够把事情做到最好。假如你不能及时反省自己的错误，到头来只会错上加错，走上一条失败的不归路。

孔子说："吾日三省吾身"，苏格拉底说："没有经过审视和内省的生活不值得过。"可见，一个人能够做到"自省"是难能可贵的，假如一个人能够做到随时反思自己，那么也许他的生活会变得更加有意义。

一个人只有不停地进行自我反省，才能走得更远，才能够在人生的旅途中不至于迷失方向，才能够不断提高自己的人生境界。

俗话说："人贵有自知之明"，经常反省自己的人，可以做到错则改之，对则勉之。我们经常解剖自己，就会发现自身的缺点和过失，能够立刻改正。

其实，我们每一个人就好像是一块天然玉石，需要不断地用刀去雕琢，把身上的污垢去掉。虽然这一过程显得有些沉痛，但是雕琢后的玉石才能够光彩照人、身价倍增。

曾经有一位智者在解读兰塞姆手迹时说："如果每个人都能把反省提前几十年，便有50%的人可能让自己成为一名了不起的人。"这话道正好道出了反省对于人生的重要意义。

其实，一个人的自我反省过程也就是自我提升的一个过程。

曾经有一个妇人，她非常容易发脾气，在生活当中经常为了一些小事大发脾气。自己和邻居、朋友的关系都搞得很僵。她也知道自己的脾气不好，可是想改一时又改不了，于是终日闷闷不乐。可是，她越是这样，越是容易生气！她的一位朋友知道后，就建议她去城郊的寺庙里找一位老和尚，这个老和尚是个得道高僧，他也许可以帮你解决这个问题！

于是妇人就找到了那位老和尚。老和尚听完了她的苦闷后，就把她带到了一个柴房的门口，说："施主，请进！"妇人很奇怪，但她还是硬着头皮走进了柴房！没有想到这个时候，老和尚居然把门给锁了，转身就走。妇人一看，怒气就不打自来了："你这个和尚，干嘛把我关在里面啊？""快放我出去……"和尚笑道："我现在放你出去的话，等会你就会更生气了！你还是在里面待着吧！"

就这样过了一个时辰，妇人总算是安静下来了，于是老和尚问她还在生气吗？妇人回答说："我生我自己的气，我就不该听我朋友的话来找你，真是自己找罪受。"老和尚听完后说道："连自己都不能原谅的人，怎么能够原谅别人呢？"说完拂袖而去。

又一个时辰过去了，老和尚又来了问妇人还生气吗？妇人说："不气了，气也没有办法。""你的气还没有消逝，还压在心里，爆发以后

第八章 心态好，才是真的好

反而会更剧烈。"老和尚说完又离开了。

结果又过了一个时辰，妇人这个时候已经觉得没有必要为这件事情生气了，她对老和尚说："我想明白了，气不就是自己找罪受吗？"老和尚听完后，笑着说："你终于想通了，如果你能够时刻地反省自己，你还会那么生气吗？"

从此之后，这位妇人终于明白了自我反省的重要性。在与老和尚的接触中，她认真的想了自己的所作所为，彻底地分析了自己，所以最后不再生气了。

可见，当你遇到困难或者是面对无由而来的怒气时，与其埋怨别人，不如多去进行一下自我反省。